중학 수학까지 연결되 !

징검다리 교육연구소 지음

바쁜 초등학생을 위한 빠른 확률과 통계

한 권으로 총정리!

- 여러 가지 그래프
- 평균과 가능성
- 경우의 수와 확률

이지스에듀

지은이 징검다리 교육연구소
징검다리 교육연구소는 바쁜 친구들을 위한 빠른 학습법을 연구하는 이지스에듀의 공부 연구소입니다.
아이들이 기계적으로 공부하지 않도록, 두뇌가 활성화되는 과학적 학습 설계가 적용된 책을 만듭니다.

바빠 연산법 - 10일에 완성하는 영역별 연산 시리즈

바쁜 초등학생을 위한 빠른 확률과 통계

초판 발행 2022년 10월 25일
초판 2쇄 2023년 2월 20일
지은이 징검다리 교육연구소
발행인 이지연
펴낸곳 이지스퍼블리싱(주)
출판사 등록번호 제313-2010-123호
주소 서울시 마포구 잔다리로 109 이지스빌딩 5층(우편번호 04003)
대표전화 02-325-1722
이지스퍼블리싱 홈페이지 www.easyspub.com 이지스에듀 카페 www.easysedu.co.kr
바빠 아지트 블로그 bolg.naver.com/easyspub 인스타그램 @easys_edu
페이스북 www.facebook.com/easyspub2014 이메일 service@easyspub.co.kr

본부장 조은미 기획 및 책임 편집 김현주 | 박지연, 정지연, 이지혜 원고 구성 김현주 교정 교열 권민휘 검수 김해경
표지 및 내지 디자인 정우영 그림 김학수, 이츠북스 전산편집 이츠북스 인쇄 보광문화사
영업 및 문의 이주동, 김요한(support@easyspub.co.kr) 마케팅 박정현, 한송이, 이나리 독자 지원 오경신, 박애림

ISBN 979-11-6303-405-6 64410
ISBN 979-11-6303-253-3(세트)
가격 12,000원

“펑펑 쏟아져야 눈이 쌓이듯, 공부도 집중해야 실력이 쌓인다.”

교과서 집필 교수, 영재교육 연구소, 수학 전문학원, 명강사들이 적극 추천하는 ‘바빠 연산법’

‘바빠 연산법’ 시리즈는 학생들이 수학적 개념의 이해를 통해 수학적 절차를 터득하도록 체계적으로 구성한 책입니다.

김진호 교수(초등 수학 교과서 집필진)

한 영역의 계산을 체계적으로 배치해 놓아 학생들이 ‘끝을 보고 달려들기’에 좋은 구조입니다. 계산 속도와 정확성을 완벽한 경지로 올려 줄 것입니다.

김종명 원장(분당 GTG수학)

확률과 통계는 우리 생활 속에서 흔하게 만날 수 있는 수학 개념입니다. ‘바빠 확률과 통계’ 속 개념들이 실생활에서 어떻게 활용되는지 알아보세요. 실생활과 연결해 보면 어느 순간 확률과 통계가 가깝고 쉬운 친구처럼 느껴질 거예요!

김민경 원장(동탄 더원수학)

확률과 통계는 중·고등 수학에서 중요한 영역이므로 초등 수학에서 기초를 잘 다져 놓아야 합니다! 개념은 쉽게 이해하는데, 정작 문제를 풀다 보면 오답이 많이 나오는 학생이라면 ‘바빠 확률과 통계’를 꼭 공부하고 넘어가기를 권합니다.

김정희 선생(바빠 공부단 케이수학쌤)

친절한 개념 설명과 문제 풀이 비법까지 담겨 있어 연산 실력을 단기간에 끌어올릴 수 있는 최고의 교재입니다. 수학의 기초가 부족한 고학년 학생에게 ‘강추’합니다.

정경이 원장(하늘교육 문래학원)

‘바빠 연산법’ 시리즈는 수학적 사고 과정을 온전하게 통과하도록 친절하게 안내하는 길잡이입니다. 이 책을 끝낸 학생의 연필 끝에는 연산의 정확성과 속도가 장착되어 있을 거예요!

호사라 박사(분당 영재사랑 교육연구소)

연산 책의 앞부분만 풀다 말았다면 많은 문제 수에 치여서 싫어한다는 뜻입니다. 쉬운 내용은 압축, 어려운 내용은 충분히 연습하도록 구성해 학습 효율을 높인 ‘바빠 연산법’을 적극 추천합니다.

한정우 원장(일산 잇츠수학)

단순 반복 계산이 아닌 정확한 이해를 바탕으로 스스로 생각하는 힘을 길러 주는 연산 책입니다. ‘바빠 연산법’은 수학의 자신감을 키워줄 뿐 아니라 심화·사고력 학습에도 도움을 줄 것입니다.

박지현 원장(대치동 현수학학원)

코딩과 함께 개정 교육과정에서 더욱더 중요해진 '확률과 통계'의 기초를 탄탄하게!

그래프부터 평균과 가능성, 경우의 수와 확률까지 한 권으로 끝낸다!

개정 교육과정에서 더욱더 중요해진 '확률과 통계'

2024년부터 순차적으로 적용되는 '2022 개정 교육과정(교육부 지침)'의 핵심은 '디지털 인재 양성'으로 코딩 교육을 강화하는 내용이 담겨 있습니다. 초·중·고등 수학에서 코딩 관련 영역은 '확률과 통계'입니다. 중학 수학에서도 기존에 중 3 수학에서 다뤘던 통계의 대푯값은 중 1로 옮겨지는 등 초·중·고등 수학 모두 확률과 통계를 강조하는 방향으로 변화됩니다. 그런데 그 중요성이 점점 강조되는 '확률과 통계'의 기초 개념을 배우는 시기는 초등학교 4학년 '막대그래프'와 '꺾은선그래프'부터 5학년 '평균과 가능성', 6학년 '여러 가지 그래프'까지 단 4개의 마당뿐입니다. 따라서 초등학교 고학년 때 '확률과 통계'의 기초를 확실히 알고 넘어가는 것이 중요합니다.

여러 학기에 걸쳐 흩어져 배우는 확률과 통계를 모아서 총정리!

초등 '확률과 통계'를 멀리서 보면 쉬워 보이지만, 정작 시험에는 교과서에서 배우는 개념만으로 풀기 어려운 문제들이 출제되며 '확률과 통계'를 어려워하는 학생들이 많습니다.
이 책은 조각조각 흩어진 초등 수학의 '확률과 통계' 내용은 물론이고, 그대로 이어지는 중등 수학의 '경우의 수', '확률'의 기초까지 한 권에 담았습니다.
특히 공식만으로는 풀기 어려운 '평균 점수가 올라갈 때/내려갈 때', '부분으로 전체 평균 구하기' 등의 활용 문제를 단계적으로 다뤄 학교 시험에도 대비할 수 있습니다. 또한, 여러 가지 수로 표현하는 가능성 문제까지 훈련해 마지막 문제까지 막힘 없이 풀 수 있도록 구성했습니다.

중학 수학도 잘하는 비결, '바빠 확률과 통계'

중학교 1학년 때 배우는 '통계'의 '히스토그램, 도수분포표'는 초등에서 배운 '막대그래프, 꺾은선그래프, 여러 가지 그래프'의 개념을 기초로 확장된 개념입니다. 중학교 2학년 때 배우는 '확률' 역시 초등에서 배운 '평균과 가능성'의 개념이 그대로 확장된 개념으로, 초등에서의 풀이 방법이 그대로 연결되는 내용입니다.

'바빠 확률과 통계'는 초등 수학 개념이 그대로 이어지는 중학 수학 내용까지 연결 학습하도록 구성해 '확률과 통계'의 원리를 더 쉽게 깨우칠 수 있습니다.

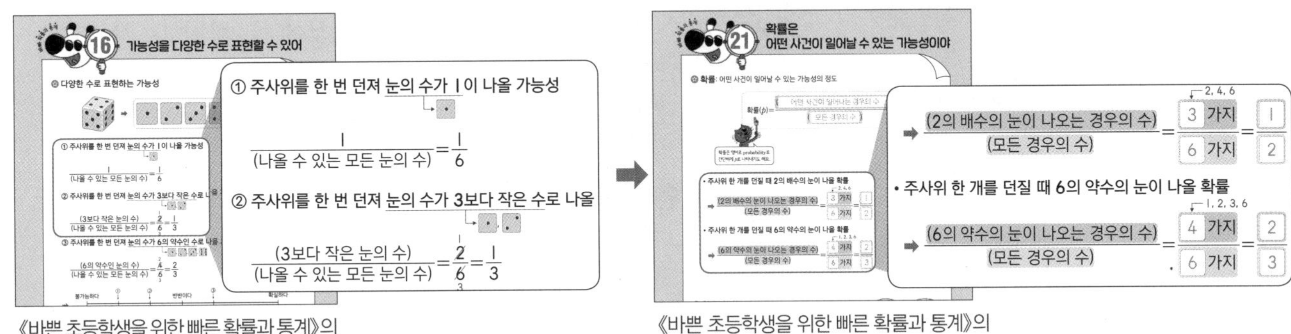

《바쁜 초등학생을 위한 빠른 확률과 통계》의 '셋째 마당. 가능성' 개념

《바쁜 초등학생을 위한 빠른 확률과 통계》의 '넷째 마당. 확률' 개념

탄력적 훈련으로 진짜 실력을 쌓는 효율적인 학습법!

'바빠 확률과 통계'는 단기간 탄력적 훈련으로 '확률과 통계' 문제들을 그냥 풀 줄 아는 정도가 아니라 아주 숙달될 수 있도록 구성하여 같은 시간을 들여도 더 효율적인 진짜 실력을 쌓는 학습법을 제시합니다.

간단한 연습만으로 충분한 단계는 빠르게 확인하고 넘어가고, 더 많은 학습량이 필요한 단계는 충분한 훈련이 가능하도록 확대하여 구성했습니다. 또한, 하루에 2~3단계씩 10~20일 안에 풀 수 있도록 구성하여 단기간 집중적으로 학습할 수 있습니다. 집중해서 공부하면 전체 맥락을 쉽게 이해할 수 있어서 한 권을 모두 푸는 데 드는 시간도 줄어들고, 펑펑 쏟아져야 눈이 쌓이듯, 실력도 차곡차곡 쌓입니다.

이 책으로 여러 가지 그래프, 평균과 가능성의 개념을 이해하고 계산까지 집중해서 연습하면 초등 확률과 통계의 기초를 슬기롭게 마무리하고, 중학 수학도 잘하는 계기가 될 것입니다.

선생님이 바로 옆에 계신 듯한 설명

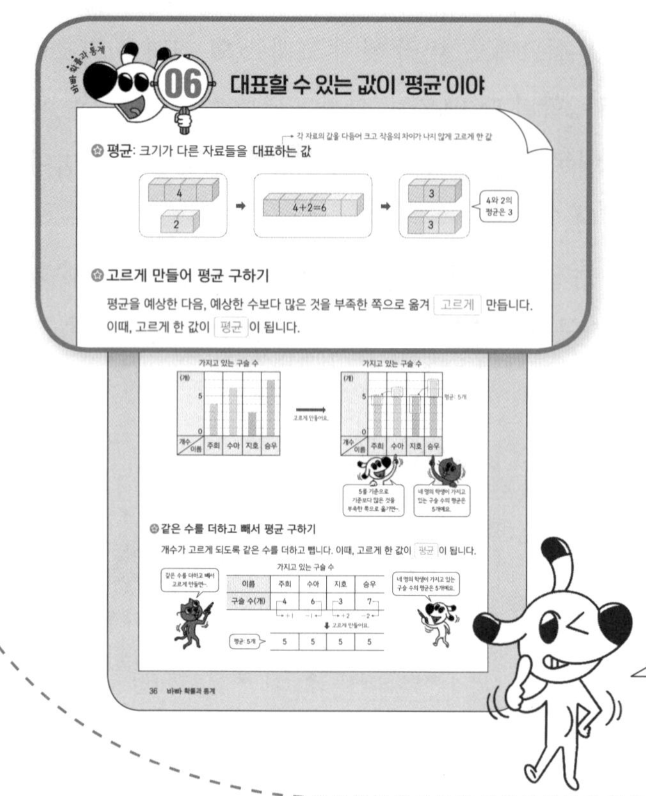
06 대표할 수 있는 값이 '평균'이야

평균: 크기가 다른 자료들을 대표하는 값

고르게 만들어 평균 구하기

평균을 예상한 다음, 예상한 수보다 많은 것을 부족한 쪽으로 옮겨 고르게 만듭니다.
이때, 고르게 한 값이 평균이 됩니다.

같은 수를 더하고 빼서 평균 구하기

무조건 풀지 않는다!
개념을 보고 '느낌 알면서~.'

개념을 바르게 이해하지 못한 채 생각 없이 문제만 풀다 보면 어느 순간 벽에 부딪힐 수 있어요. 기초 체력을 키우려면 영양소를 골고루 섭취해야 하듯, 연산도 훈련 과정에서 개념과 원리를 함께 접해야 기초를 건강하게 다질 수 있답니다.

오호! 제목만 읽어도
개념이 쏙쏙~.

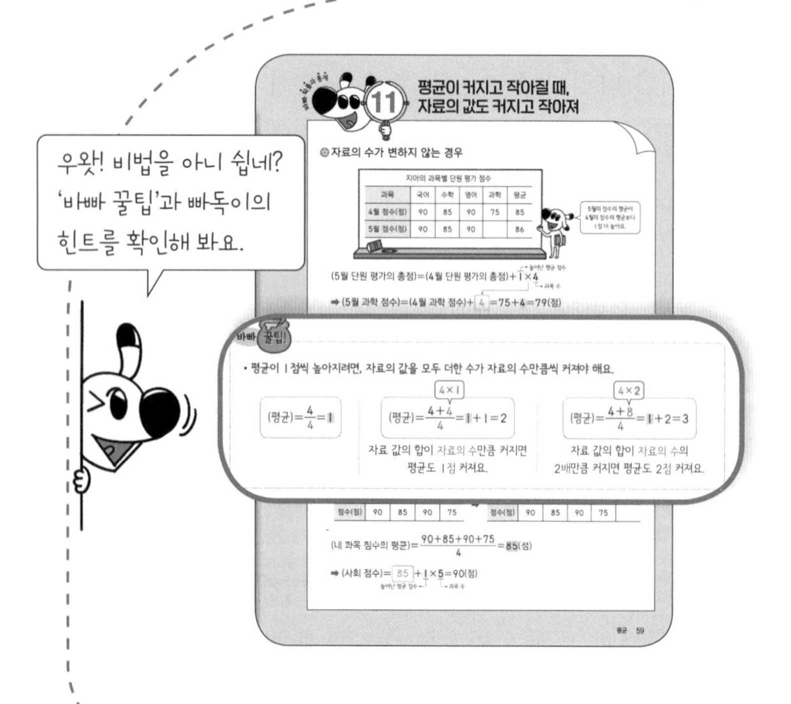

11 평균이 커지고 작아질 때, 자료의 값도 커지고 작아져

자료의 수가 변하지 않는 경우

바빠 꿀팁

• 평균이 1점씩 높아지려면, 자료의 값을 모두 더한 수가 자료의 수만큼씩 커져야 해요.

자료 값의 합이 자료의 수만큼 커지면 평균도 1점 커져요.

자료 값의 합이 자료의 수의 2배만큼 커지면 평균도 2점 커져요.

책 속의 선생님!
'바빠 꿀팁'과 빠독이의 힌트로
선생님과 함께 푼다!

문제를 풀 때 알아두면 좋은 꿀팁부터 실수를 줄여 주는 꿀팁까지! '바빠 꿀팁'과 책 곳곳에서 알려 주는 빠독이의 힌트로 쉽게 이해하고 풀 수 있어요. 마치 혼자 푸는데도 친절한 선생님이 옆에 있는 것 같아요!

종합 선물 같은 훈련 문제

실력을 쌓아 주는 바빠의 '작은 발걸음' 방식!

쉬운 내용은 빠르게 학습하고, 어려운 부분은 더 많이 훈련하도록 구성해 학습 효율을 높였어요. 또한 조금씩 수준을 높여 도전하는 바빠의 '작은 발걸음 방식(small step)'으로 몰입도를 높였어요.

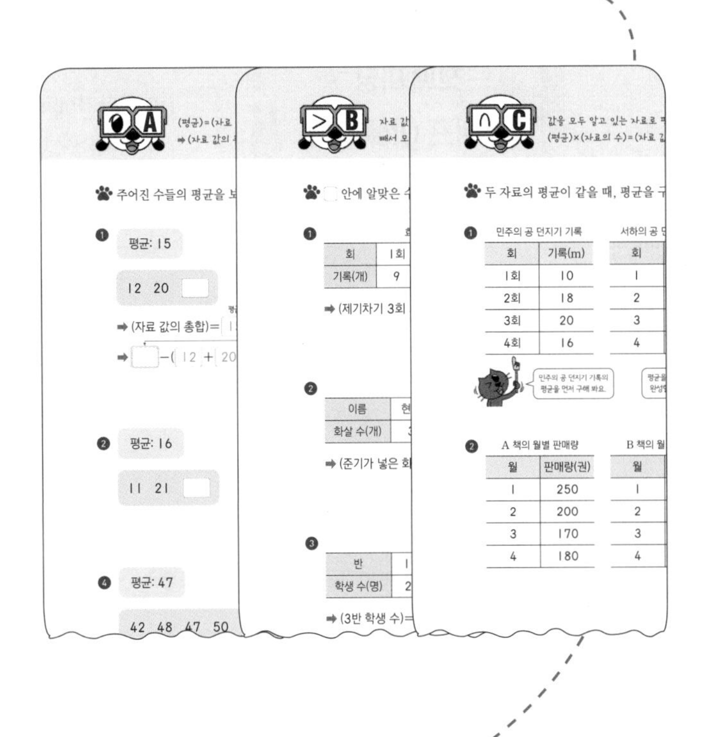

느닷없이 어려워지지 않으니 끝까지 풀 수 있어요~.

생활 속 언어로 이해하고, 내 것으로 만드니 자신감이 저절로!

단순 계산력 문제만 연습하고 끝나지 않아요. 쉬운 문장제로 생활 속 개념을 정리하고, 한 마당이 끝날 때마다 섞어서 연습하고, 게임처럼 즐겁게 마무리하는 종합 문제까지!

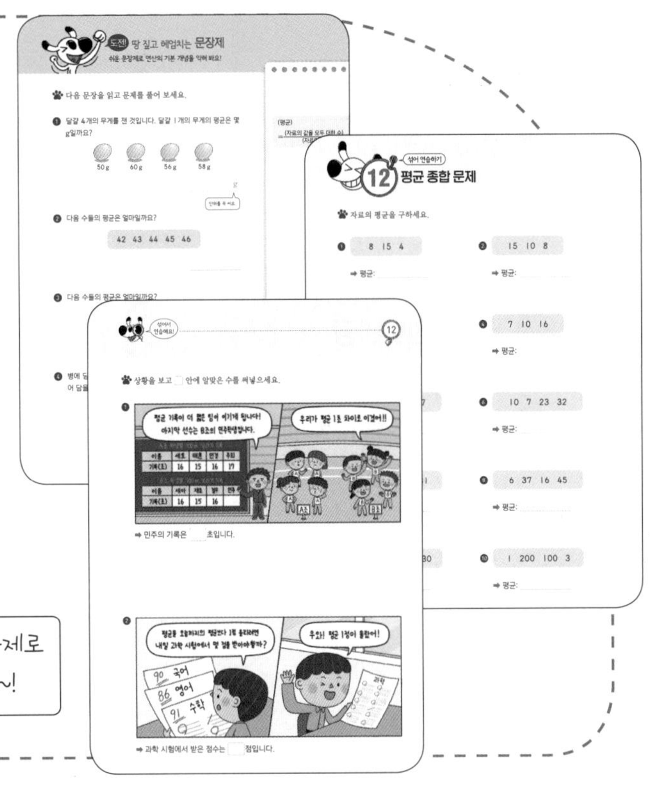

다양한 유형의 문제로 즐겁게 학습해요~!

바쁜 초등학생을 위한 빠른 확률과 통계

확률과 통계 기초 진단 평가

이 책은 5학년 2학기 수학 공부를 마친 친구들이 푸는 것이 좋습니다.
공부 진도가 빠른 4학년 학생에게도 권장합니다.

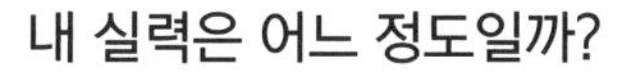

내 실력은 어느 정도일까?

10분 진단

평가 문항: 20문항

아직 **5학년 공부를 시작하지 않은 학생**은 풀지 않아도 됩니다.
➔ 바로 20일 진도로 진행!

진단할 시간이 부족할 때

5분 진단

평가 문항: 10문항

학원이나 공부방 등에서
진단 시간이 부족할 때 사용!

시계가 준비됐나요?
자! 이제 제시된 시간 안에 진단 평가를 풀어 본 후
12쪽의 '권장 진도표'를 참고하여 공부 계획을 세워 보세요.

확률과 통계 기초 진단 평가 (초등 수학 교과 과정)

①~⑩번은 확률과 통계의 기초가 되는 자료의 정리와 나눗셈 문제입니다.

표를 완성하세요.

① 학예회 종목별 학생 수

종목	합창	연극	무용	합계
학생 수 (명)	11	5	8	

② 하루 동안 팔린 꽃의 수

종류	장미	수국	국화	합계
꽃의 수 (송이)	32	26	14	

③ 학생들이 좋아하는 간식

간식	과자	빵	과일	합계
학생 수 (명)	10		12	30

④ 목장별 우유 생산량

목장	가	나	다	합계
생산량 (kg)	53	40		140

다음 표를 보고 물음에 답하세요.

학생들이 좋아하는 동물

종류	강아지	고양이	햄스터	토끼	금붕어	합계
학생 수 (명)	17	8	9		5	50

⑤ 토끼를 좋아하는 학생은 몇 명일까요?

⑥ 강아지를 좋아하는 학생은 토끼를 좋아하는 학생보다 몇 명 더 많을까요?

계산하세요.

⑦ $51 \div 3 =$

⑧ $114 \div 6 =$

⑨ $(17 + 14 + 11) \div 3 =$

⑩ $(8 + 14 + 20 + 6) \div 4 =$

평균을 구하세요.

⑪ 7 8 9

➡ ______

⑫ 10 20 30

➡ ______

⑬ 5 16 9

➡ ______

⑭ 15 13 26

➡ ______

일이 일어날 가능성을 보기에서 찾아 말로 표현해 보세요.

보기
확실하다 ~일 것 같다 반반이다 ~아닐 것 같다 불가능하다

⑮ 동전을 던지면 그림 면이 나올 것입니다. ➡ ______

⑯ 오늘이 월요일이면 내일은 화요일일 것입니다. ➡ ______

주사위를 한 번 던졌을 때, 다음의 눈이 나올 가능성을 수로 표현해 보세요.

⑰ 짝수의 눈

➡ ______

⑱ 1의 배수의 눈

➡ ______

⑲ 2의 배수의 눈

➡ ______

⑳ 8의 약수의 눈

➡ ______

나만의 공부 계획을 세워 보자

다 맞았어요! → 예 → 공부할 준비가 잘 되었네요! **10일 진도표**로 빠르게 푸세요!

아니요 ↓

1~10번을 못 풀었어요. → 예 → **'바쁜 4학년을 위한 빠른 교과서 연산'**을 먼저 풀고 다시 도전!

아니요 ↓

11~16번에 틀린 문제가 있어요. → 예 → 첫째 마당부터 차근차근 풀어 보자! **20일 진도표**로 공부 계획을 세워 봐요!

아니요 ↓

17~20번에 틀린 문제가 있어요. → 예 → 단기간에 끝내는 **10일 진도표**로 공부 계획을 세워 봐요!

권장 진도표

★	20일 진도	10일 진도
1일	01~02	01~03
2일	03	04~05
3일	04	06~07
4일	05	08~09
5일	06	10~11
6일	07	12
7일	08	13~15
8일	09	16~17
9일	10	18~20
10일	11	21~22
11일	12	
12일	13~14	
13일	15	
14일	16	
15일	17	
16일	18	
17일	19	
18일	20	
19일	21	
20일	22	

진단 평가 정답

① 24 ❷ 72 ③ 8 ❹ 47 ⑤ 11명 ❻ 6명
⑦ 17 ❽ 19 ⑨ 14 ❿ 12 ⑪ 8 ⓬ 20
⑬ 10 ⓮ 18 ⑮ 반반이다 ⓰ 확실하다 ⑰ $\frac{1}{2}$ ⓲ 1
⑲ $\frac{1}{2}$ ⓴ $\frac{1}{2}$

첫째 마당

그래프 이해하기

첫째 마당에서는 막대 모양으로 나타내는 '막대그래프', 변화하는 양을 점으로 표시하고 그 점을 이어 나타내는 '꺾은선그래프', 전체에 대한 비율을 나타내는 '띠그래프'와 '원그래프'를 배워요. 각각의 그래프의 특징을 알아 보고 그래프를 분석해 봐요.

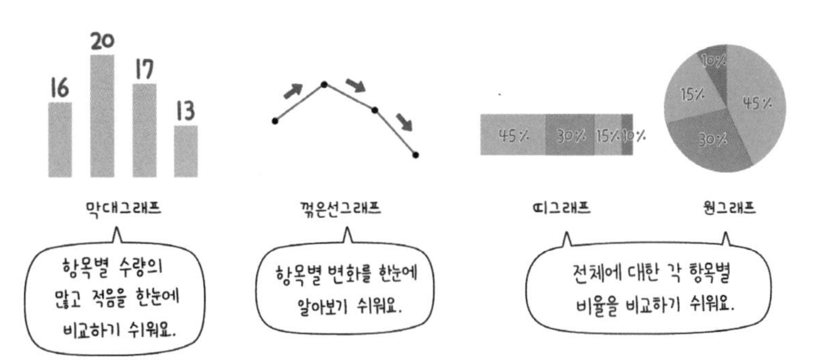

	공부할 내용!	완료	10일 진도	20일 진도
01	수량을 한눈에 비교하기 쉬운 '막대그래프'	☑	1일차	1일차
02	시간에 따른 연속적인 변화를 알아보기 쉬운 '꺾은선그래프'	☐		
03	전체에 대한 비율을 나타내는 '띠그래프'와 '원그래프'	☐		2일차
04	막대그래프와 닮은 히스토그램, 꺾은선그래프와 닮은 도수분포다각형	☐	2일차	3일차
05	그래프 이해하기 종합 문제	☐		4일차

수량을 한눈에 비교하기 쉬운 '막대그래프'

☆ 막대그래프: 조사한 자료를 막대 모양으로 나타낸 그래프

표

가지고 있는 구슬 수

이름	주희	수아	지호	승우	합계
구슬 수(개)	4	6	3	7	20

⬇ 표를 막대그래프로 나타내요.

막대그래프

가지고 있는 구슬 수

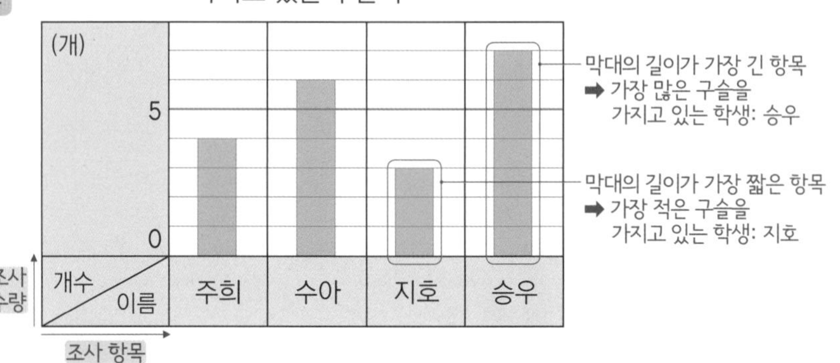

가로에는 조사한 항목을 쓰고, 세로에는 항목별 수량을 써요.

• 막대그래프의 막대를 가로로 나타낼 수도 있어요.

가지고 있는 구슬 수

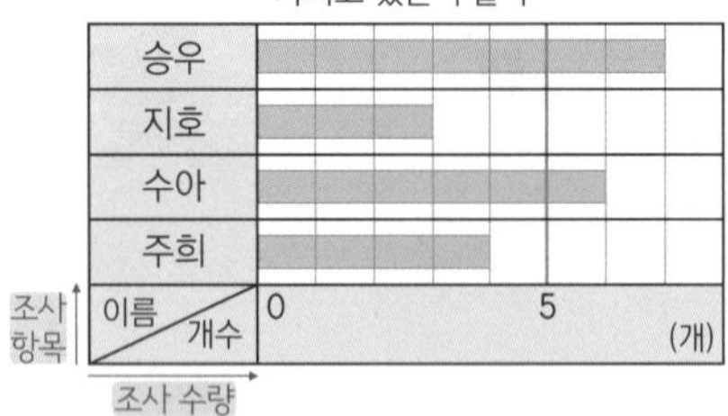

막대그래프의 막대를 가로로 나타낼 땐, 세로에 조사한 항목을 쓰고 가로에 항목별 수량을 써요.

☆ 표와 막대그래프 비교하기

표	막대그래프
• 각 항목별로 조사한 수를 알기 쉬워요. • 전체 조사한 수의 합계를 알기 쉬워요.	• 항목별 수량을 한눈에 비교하기 쉬워요. • 전체적인 경향을 한눈에 알기 쉬워요.

세로 눈금 한 칸의 크기를 알고, 항목별 자료의 수를 비교해 봐요.
세로 눈금 한 칸은 1로 고정된 것이 아니라 조사한 수의 크기에 따라 달라져요.

□ 안에 알맞은 수를 써넣으세요.

1 배우고 싶은 운동별 학생 수

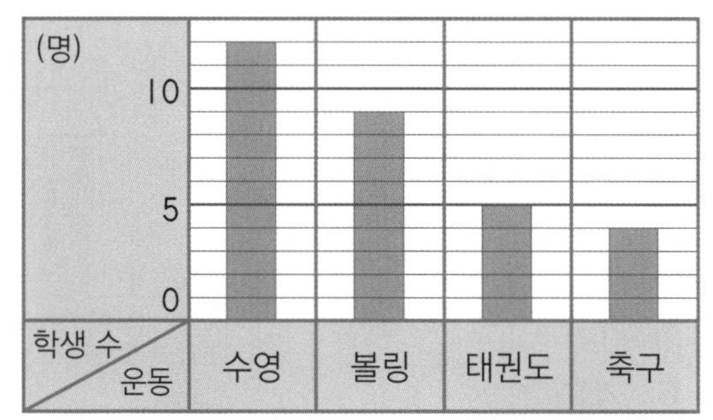

➡ 수영을 배우고 싶은 학생은 태권도를 배우고 싶은 학생보다 □명 더 많습니다.

12−5

2 먹은 초콜릿 수

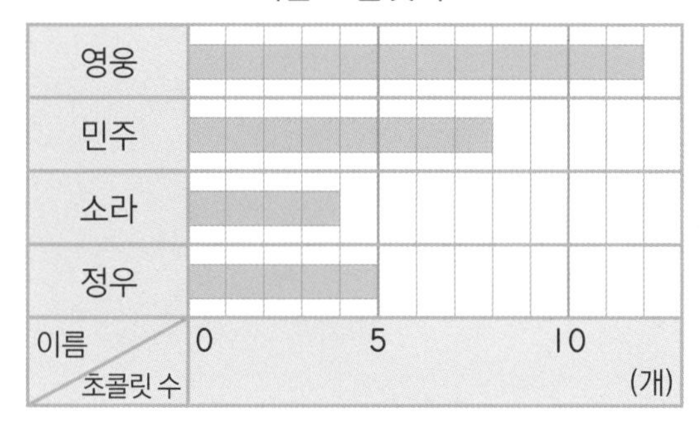

➡ 영웅이가 먹은 초콜릿 수는 소라가 먹은 초콜릿 수의 □배입니다.

• 막대그래프의 세로 눈금 한 칸의 크기

(명) 10, 5칸, 0 / 학생 수, 과일 / 딸기, 복숭아, 사과, 자두

세로 눈금 다섯 칸이 10명을 나타내므로 한 칸은 $10 \div 5 = 2$(명)을 나타내요.

3 좋아하는 과일별 학생 수

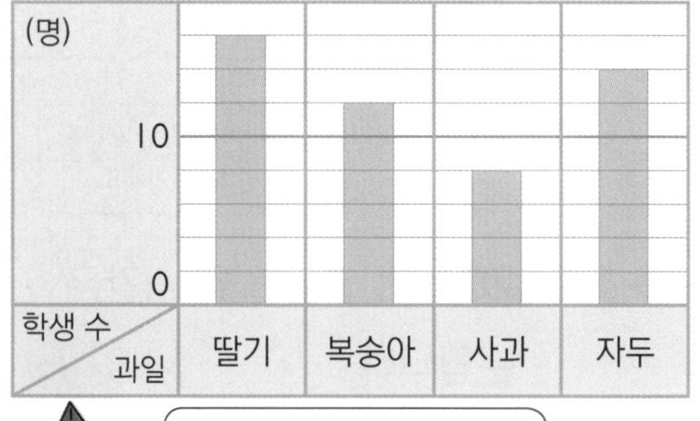

➡ 복숭아를 좋아하는 학생은 사과를 좋아하는 학생보다 □명 더 많습니다.

세로 눈금 다섯 칸이 10명이니까 한 칸은 2명이에요.

조사 수량의 총합을 알면 그래프를 완성할 수 있어요.
조사 항목의 수량을 모두 더하면 조사 수량의 총합이 돼요.

조사 수량의 총합을 보고 ☐ 안에 알맞은 수를 써넣으세요.

1 가지고 있는 색깔별 펜 수

(자루) 10, 5, 0

펜 수 / 색깔: 빨간색, 노란색, 초록색, 파란색

가지고 있는 펜은 모두 30자루예요.

➡ 노란색 펜은 ☐ 자루입니다.

2 가전용품별 대기전력

(W) 10, 5, 0

대기전력 / 가전용품: 셋톱박스, 에어컨, 보일러, 컴퓨터

4가지 가전용품의 대기전력 총합은 30 W예요.

➡ 보일러의 대기전력은 ☐ W입니다.

3 좋아하는 책별 학생 수

4 기타 연습을 한 시간

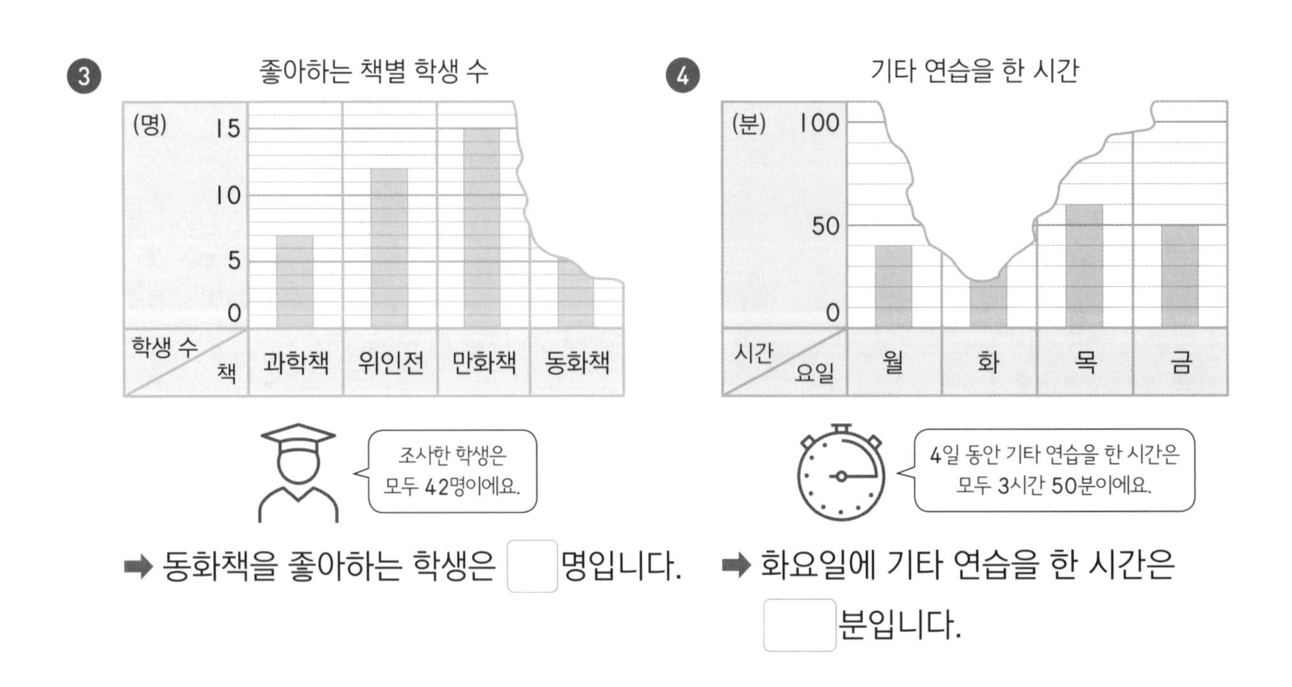

➡ 동화책을 좋아하는 학생은 ☐ 명입니다.

➡ 화요일에 기타 연습을 한 시간은 ☐ 분입니다.

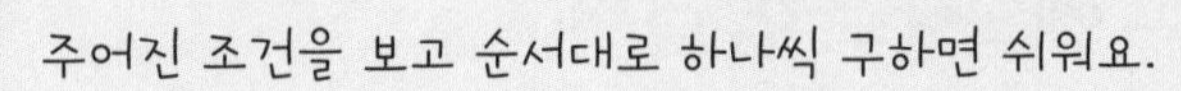

조건 을 보고 □ 안에 알맞은 수를 써넣으세요.

1

가고 싶은 나라별 학생 수

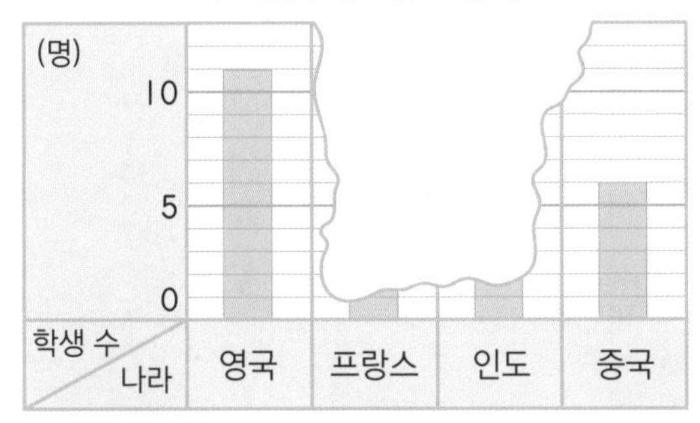

조건

- 인도에 가고 싶은 학생 수는 중국에 가고 싶은 학생 수의 절반입니다.
- 조사한 학생은 모두 30명입니다.

➡ 프랑스에 가고 싶은 학생은 □ 명입니다.

중국에 가고 싶은 학생이 6명이니까 인도에 가고 싶은 학생은 그 절반인 $6 \div 2 = 3$(명)이에요.

조사한 전체 학생 수에서 영국, 인도, 중국에 가고 싶은 학생 수를 빼면 돼요.

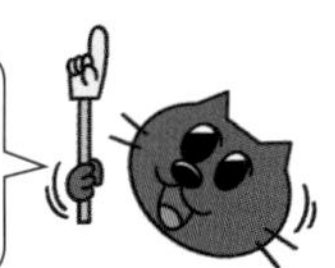

2

좋아하는 계절별 학생 수

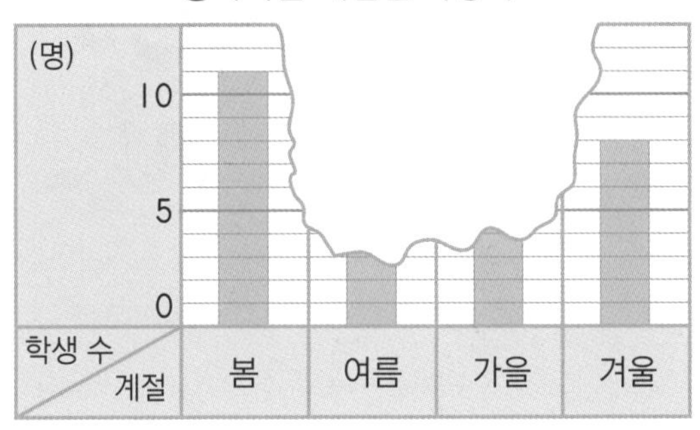

조건

- 가을을 좋아하는 학생 수는 봄을 좋아하는 학생보다 3명 적습니다.
- 여름을 좋아하는 학생 수는 겨울을 좋아하는 학생보다 4명 적습니다.

➡ 조사한 학생은 모두 □ 명입니다.

3

먹고 싶은 간식별 학생 수

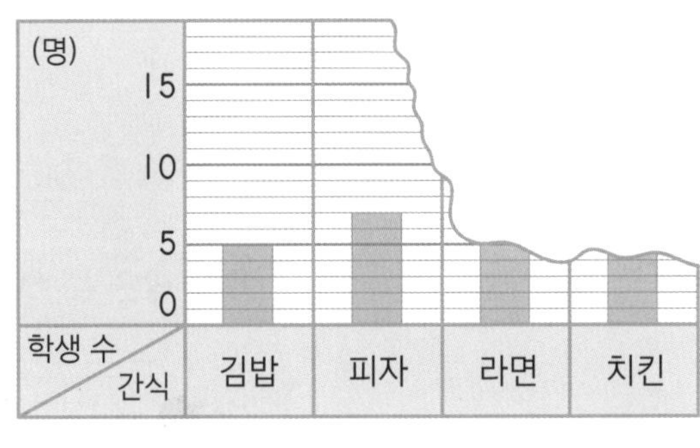

조건

- 라면을 먹고 싶은 학생 수는 김밥을 먹고 싶은 학생 수의 3배입니다.
- 조사한 학생은 모두 44명입니다.

➡ 치킨을 먹고 싶은 학생은 □ 명입니다.

도전! 땅 짚고 헤엄치는 문장제

쉬운 문장제로 연산의 기본 개념을 익혀 봐요!

막대그래프를 보고 문제를 풀어 보세요. [1~4]

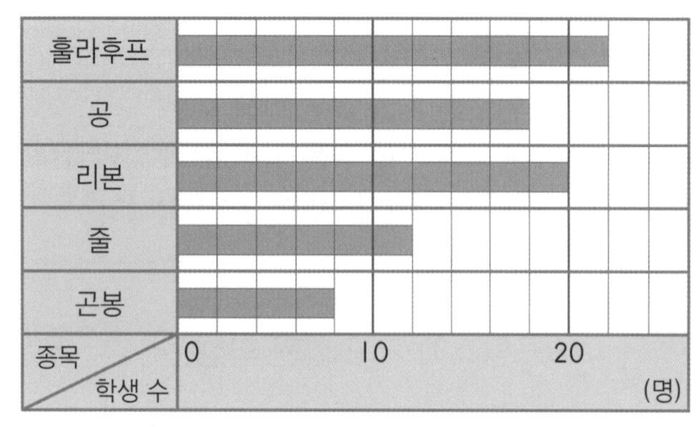

1 막대그래프에서 가로 눈금 한 칸은 몇 명을 나타낼까요?

명

단위를 꼭 써요.

가로 눈금 다섯 칸의 크기가 10일 때, 한 칸의 크기를 구해 봐요.

2 공을 좋아하는 학생은 몇 명일까요?

3 가장 많은 학생들이 좋아하는 종목은 무엇일까요?

막대의 길이가 길수록 많은 학생이 좋아하는 종목이에요.

4 12명보다 많은 학생들이 좋아하는 종목은 몇 개일까요?

~보다 많은 = ~초과

12명의 학생이 선택한 종목은 포함하지 않아요.

시간에 따른 연속적인 변화를 알아보기 쉬운 '꺾은선그래프'

✪ 꺾은선그래프

수량을 점 으로 표시하고, 그 점들을 선분 으로 이어 그린 그래프

표

오늘의 기온

시각	오전 11시	낮 12시	오후 1시	오후 2시	오후 3시
기온(℃)	8	11	12	14	13

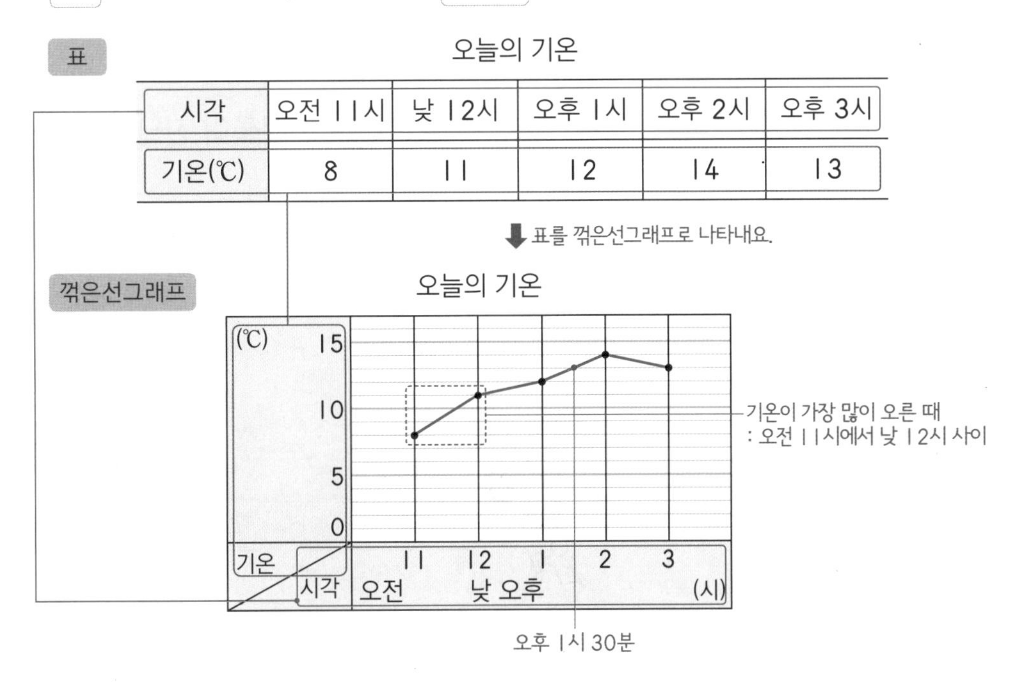

✪ 물결선을 이용한 꺾은선그래프

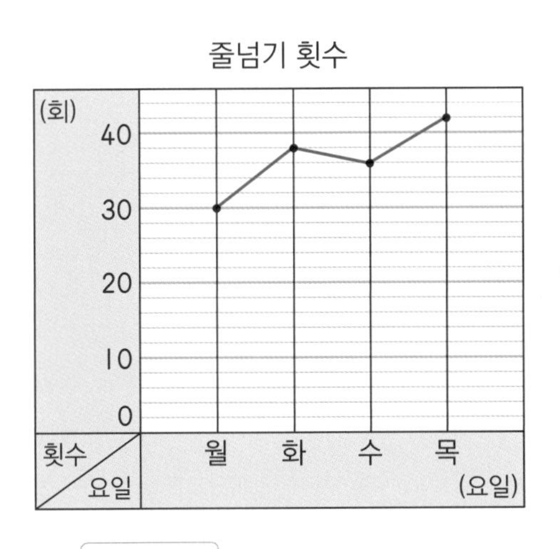

물결선을 이용하여 나타내요.

줄넘기 횟수

(회)

40

35

30

0

횟수

요일

월 화 수 목

(요일)

➡ 물결선 (≈)을 이용하여 필요 없는 부분을 줄여서 나타내면 변화하는 모습이 더 잘 나타납니다.

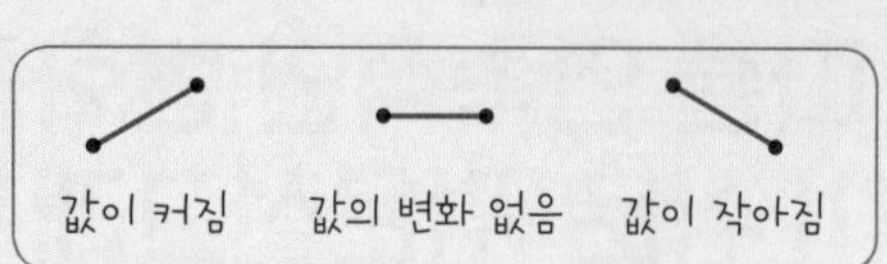

값이 커지면 선이 오른쪽 위로 올라가고,
값이 작아지면 선이 오른쪽 아래로 내려가요.

🐾 ☐ 안에 알맞은 말 또는 수를 써넣으세요.

❶

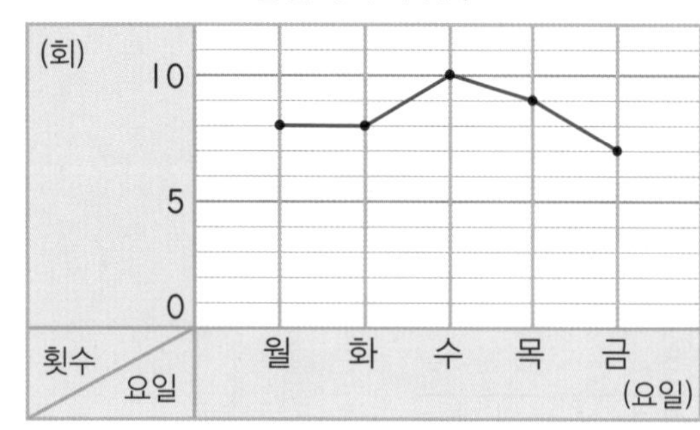

➡ 팔굽혀펴기 기록이 전날보다 좋아진 요일은 ☐요일입니다.

❷

영어 점수

(점) 90, 80, 70, 0
점수 / 월: 8, 9, 10, 11 (월)

➡ 영어 점수가 전월보다 높아진 때는 ☐월입니다.

❸

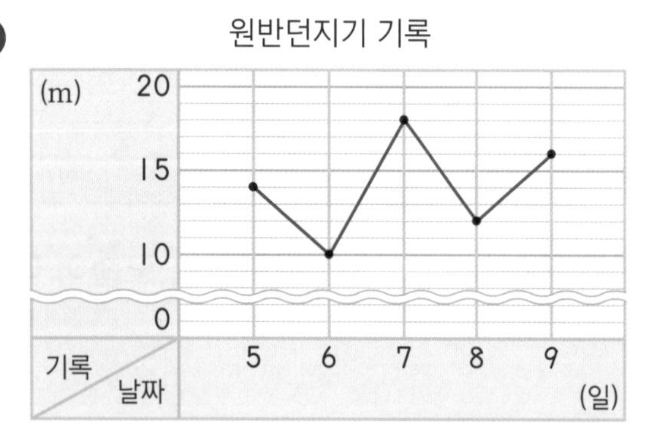

➡ 원반던지기 기록이 전날보다 줄어든 날은 ☐일, ☐일입니다.

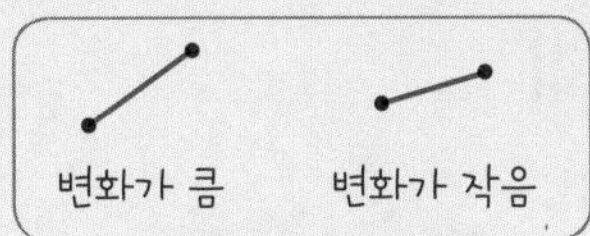

변화하는 정도는 선의 기울어진 정도로 알 수 있어요.
선이 많이 기울어질수록 변화가 커요.

□ 안에 알맞은 말 또는 수를 써넣으세요.

1

식물의 키

(cm) 15, 10, 5, 0

키 / 날짜: 1, 6, 11, 16, 21 (일)

➡ 식물의 키가 가장 많이 자란 때는 □일과 □일 사이입니다.

선이 가장 많이 기울어진 구간을 찾아봐요.

2

운동장의 온도

(℃) 15, 10, 5, 0

온도 / 시각: 오전 10, 12, 낮 2, 오후 4, 6 (시)

➡ 온도가 가장 많이 변한 때는 □시와 □시 사이입니다.

3

아이스크림 판매량

(개) 1500, 1000, 500, 0

판매량 / 월: 6, 7, 8, 9, 10 (월)

➡ 아이스크림 판매량이 가장 많이 변한 때는 □ 사이입니다.

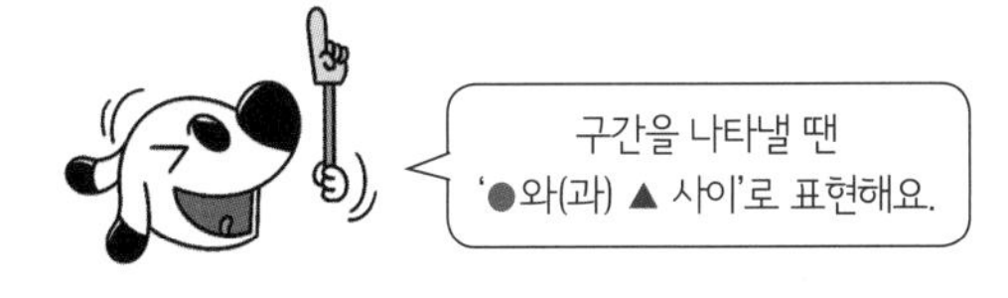

도전! 땅 짚고 헤엄치는 문장제

쉬운 문장제로 연산의 기본 개념을 익혀 봐요!

🐾 우유 판매량이 일정하게 늘어날 때, 꺾은선그래프를 보고 문제를 풀어 보세요. [❶~❹]

우유 판매량

(개) 300, 250, 200, 0

판매량 / 월: 5, 6, 7, 8 (월)

우유 판매량이 일정하게 늘어나요.

❶ 5월의 우유 판매량은 몇 개일까요?

____

❷ 6월의 우유 판매량은 몇 개일까요?

____

❸ 우유 판매량은 매월 몇 개씩 늘어났을까요?

____

❹ 7월의 우유 판매량은 몇 개일까요?

____

세로 눈금 다섯 칸이 50개를 나타내므로 한 칸은 10개를 나타내요.

전체에 대한 비율을 나타내는 '띠그래프'와 '원그래프'

→ 전체에 대한 각 항목의 비율을 백분율로 나타내요.

띠그래프: 전체에 대한 각 부분의 비율을 띠 모양에 나타낸 그래프

한 달 생활비

생활비	식품비	교육비	저축	기타	합계
금액(만 원)	90	60	30	20	200
	$\left(\frac{90}{200}\times 100\right)$	$\left(\frac{60}{200}\times 100\right)$	$\left(\frac{30}{200}\times 100\right)$	$\left(\frac{20}{200}\times 100\right)$	
백분율(%)	45	30	15	10	100

백분율은 $\frac{(\text{항목의 수})}{(\text{전체})}\times 100$ 으로 구해요.

⬇ 띠그래프로 나타내요.

한 달 생활비

0 10 20 30 40 50 60 70 80 90 100(%)

식품비 (45%)	교육비 (30%)	저축 (15%)	기타 (10%)

가로 길이를 100등분하여 띠 모양에 나타내요.

• 전체에 대한 각 항목의 비율을 백분율로 나타내는 방법

비 (항목의 수) : (전체)　　비율 $\frac{(\text{항목의 수})}{(\text{전체})}$　　백분율 $\frac{(\text{항목의 수})}{(\text{전체})}\times 100$ (%)

원그래프: 전체에 대한 각 부분의 비율을 원 모양에 나타낸 그래프

한 달 생활비

생활비	식품비	교육비	저축	기타	합계
금액(만 원)	90	60	30	20	200
백분율(%)	45	30	15	10	100

→ 원그래프로 나타내요.

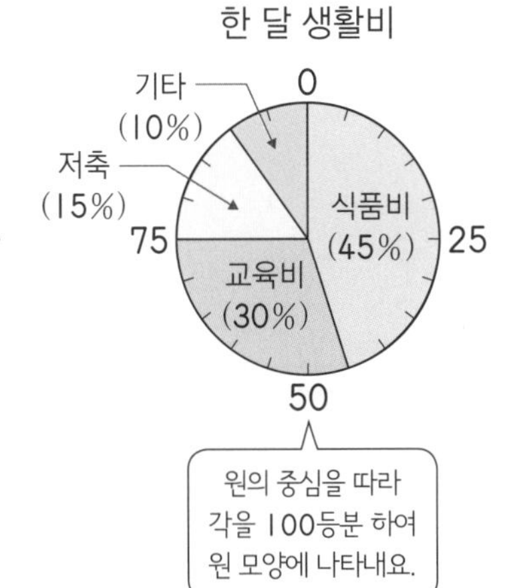

표를 보고 각 항목의 백분율을 구한 다음
띠 모양에 백분율의 크기만큼에 선을 그어 띠그래프로 나타내요.

주어진 표를 완성한 다음 띠그래프를 그려 보세요.

❶ 방과후 활동별 학생 수

활동	학원	운동	봉사	합계
학생 수(명)	8	8	4	20
백분율(%)	40			100

→ 백분율의 합은 항상 100%예요.

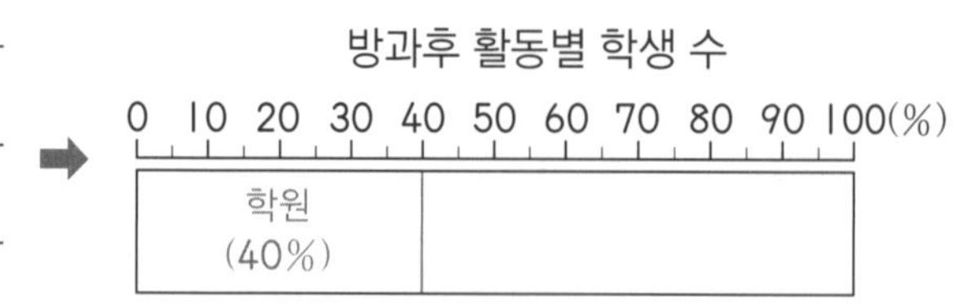

❷ 좋아하는 운동별 학생 수

운동	야구	농구	수영	합계
학생 수(명)	12	5	3	20
백분율(%)				

좋아하는 운동별 학생 수

0 10 20 30 40 50 60 70 80 90 100(%)

❸ 빌린 책의 종류별 권수

종류	문화	역사	과학	합계
권수(권)	25	15	10	
백분율(%)				

빌린 책의 종류별 권수

0 10 20 30 40 50 60 70 80 90 100(%)

❹ 좋아하는 과목별 학생 수

과목	국어	수학	과학	합계
학생 수(명)	35	40	25	
백분율(%)				

좋아하는 과목별 학생 수

0 10 20 30 40 50 60 70 80 90 100(%)

표를 보고 각 항목의 백분율을 구한 다음
원 모양에 백분율의 크기만큼에 선을 그어 원그래프로 나타내요.

주어진 표를 완성한 다음 원그래프를 그려 보세요.

1 여행하고 싶은 나라별 학생 수

나라	미국	터키	프랑스	합계
학생 수(명)	45	35	20	100
백분율(%)	45			

백분율을 먼저 구해요.
$\frac{45}{100} \times 100 = 45$ (%)

여행하고 싶은 나라별 학생 수

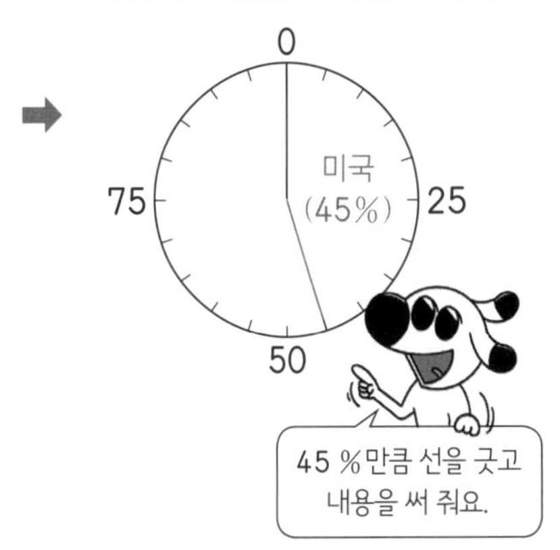

2 좋아하는 색깔별 학생 수

색깔	흰색	파란색	초록색	노란색	합계
학생 수(명)	5	20	15	10	50
백분율(%)					

좋아하는 색깔별 학생 수

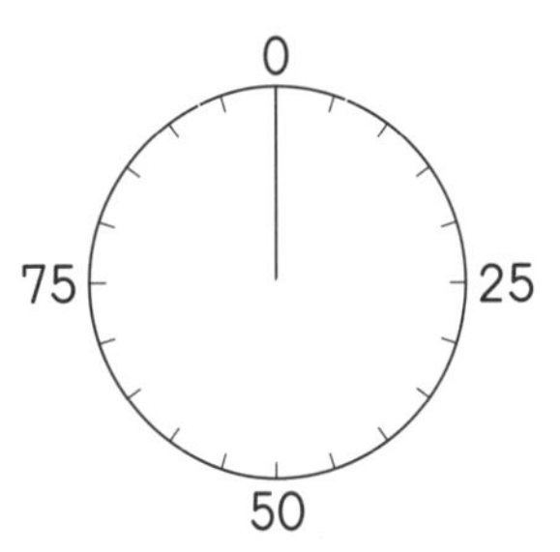

3 받고 싶은 선물별 학생 수

선물	장난감	시계	책	기타	합계
학생 수(명)	40	30	15	15	100
백분율(%)					

받고 싶은 선물별 학생 수

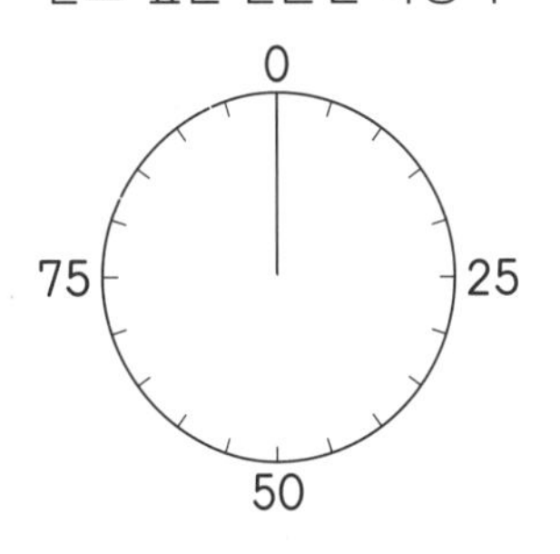

4 먹고 싶은 간식별 학생 수

간식	떡볶이	치킨	피자	기타	합계
학생 수(명)	81	27	54	18	180
백분율(%)					

먹고 싶은 간식별 학생 수

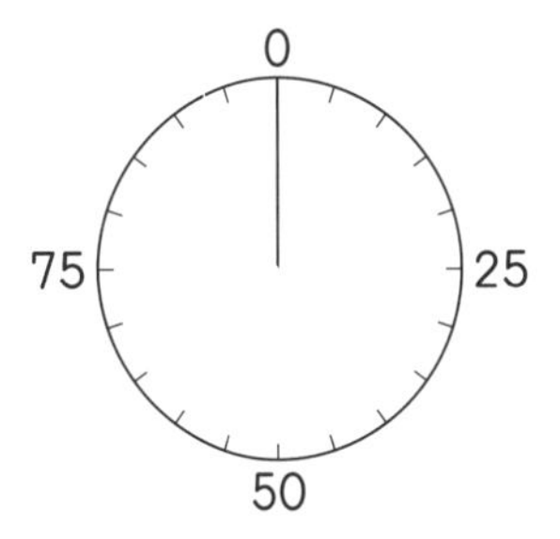

띠그래프와 원그래프는
차지하는 부분의 크기가 크고 작음을 알 수 있어
전체에 대한 각 항목별 비율을 한눈에 비교할 수 있어요.

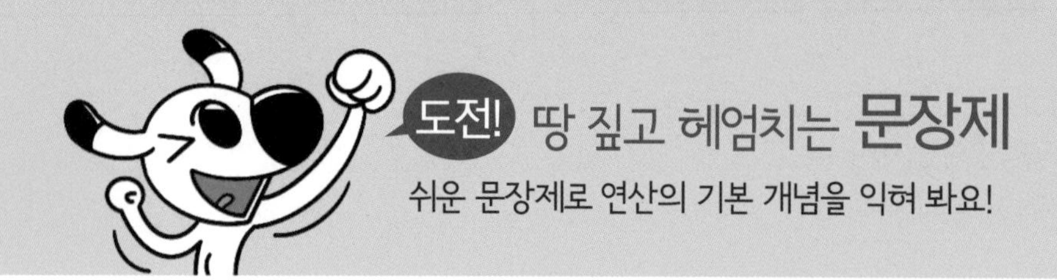

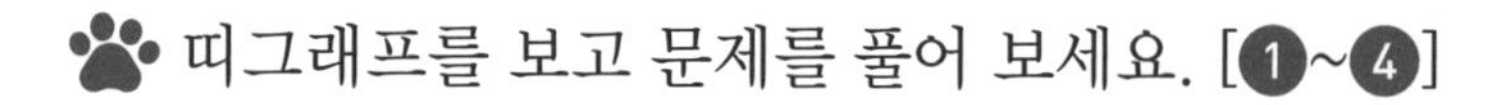

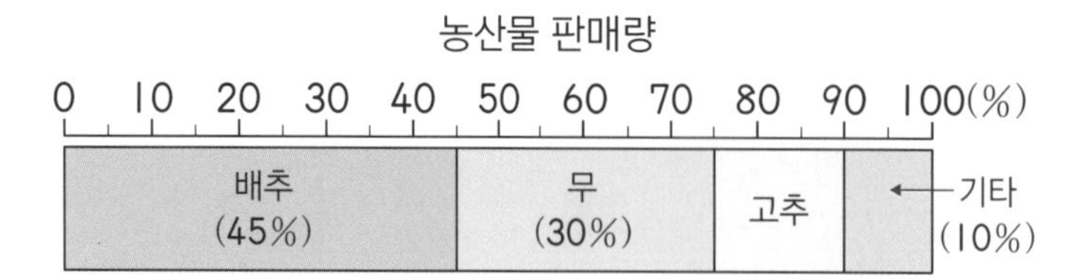

1 고추 판매량은 전체의 몇 %인가요?

______

2 가장 많이 판매된 농산물은 무엇일까요?

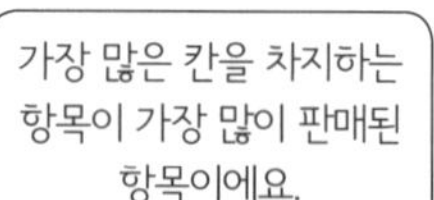

______

3 배추 판매량은 전체의 몇 %인가요?

______

4 배추 판매량은 고추 판매량의 몇 배인가요?

배추와 고추의 판매량의
백분율을 비교해 봐요.

______

막대그래프와 닮은 히스토그램, 꺾은선그래프와 닮은 도수분포다각형

도수분포표

주어진 자료를 일정한 구간으로 나누고(→계급), 각 구간에 속하는 자료의 수를 조사하여(→도수) 나타낸 표

[자료]

[몸무게] (단위: kg)

36	32	35	43	39
41	31	37	33	36
32	30	39	44	38

→

[도수분포표]

몸무게(kg)	도수(명)	
30이상 ~ 35미만	~~////~~	5
35 ~ 40	~~////~~ //	7
40 ~ 45	///	3
합계		15

계급 / 도수

→ 계급의 크기: 45−40=5 (kg)

히스토그램과 도수분포다각형

- **히스토그램**: 가로축에는 각 계급의 양 끝 값을, 세로축에는 도수를 표시하여 직사각형 모양으로 나타낸 그래프
- **도수분포다각형**: 히스토그램에서 각 직사각형의 윗변의 중앙에 점을 찍어 선분으로 연결한 그래프

[도수분포표]

몸무게(kg)	도수(명)
30이상 ~ 35미만	5
35 ~ 40	7
40 ~ 45	3
합계	15

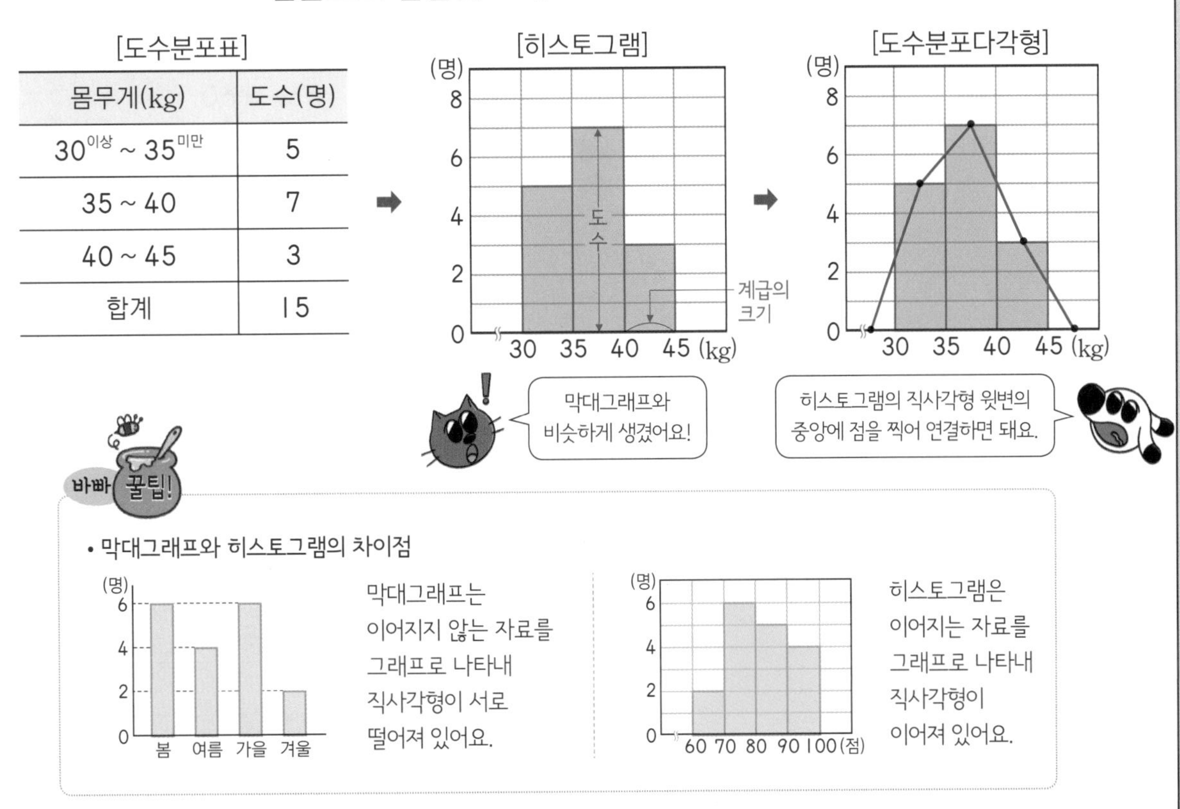

도수분포표를 보고 나눠진 계급을 확인해 자료에서 계급별로 수를 세어 봐요.
자료의 총 개수와 도수분포표의 합계가 같은지도 꼭 확인해요.

자료를 보고 도수분포표를 완성해 보세요.

❶ [컴퓨터 이용 시간] (단위: 시간)

3	15	21	7	12
19	22	10	17	23
21	11	8	14	20
2	6	18	24	13

➡

컴퓨터 이용 시간(시간)	도수(명)
$0^{\text{이상}} \sim 5^{\text{미만}}$	2
$5 \sim 10$	3
$10 \sim 15$	
$15 \sim 20$	
$20 \sim 25$	
합계	20

각 계급에 속하는 자료에
/ 표시해 개수를 세어 봐요.

❷ [키] (단위: cm)

147	152	158	160	149
163	140	164	156	152
162	148	155	157	151
150	159	161	158	148

➡

키(cm)	도수(명)
$140^{\text{이상}} \sim 145^{\text{미만}}$	
$145 \sim 150$	
$150 \sim 155$	
$155 \sim 160$	
$160 \sim 165$	
합계	

❸ [국어 점수] (단위: 점)

70	90	55	64	75
85	72	67	83	70
50	73	88	76	98
60	80	75	95	58
69	78	86	72	74

➡

국어 점수(점)	도수(명)
$50^{\text{이상}} \sim 60^{\text{미만}}$	
$60 \sim 70$	
$70 \sim 80$	
합계	

계급의 크기가 10이니까
80 이상 90 미만인 계급이에요.

도수분포표의 가로축을 보면 계급의 크기와 계급의 개수를 확인할 수 있어요.
전체 학생 수는 세로축을 확인해 각 계급에 해당하는 수를 모두 더해서 구해요.

다음은 학생들을 대상으로 조사하여 나타낸 히스토그램입니다. □ 안에 알맞은 수를 써넣으세요.

❶

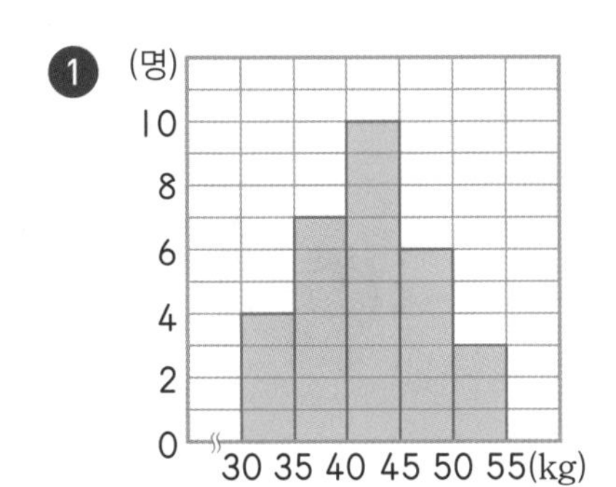

➡ 계급의 크기: □ kg

➡ 계급의 개수: □ 개

➡ 전체 학생 수: □ 명

4+7+10+6+3

❷

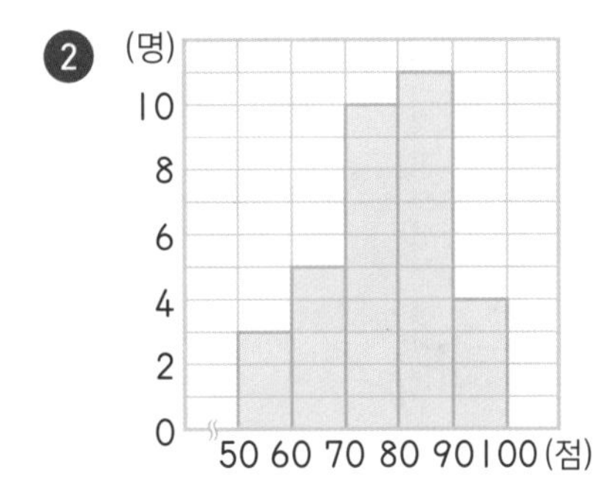

➡ 계급의 크기: □ 점

➡ 계급의 개수: □ 개

➡ 전체 학생 수: □ 명

❸

(명)
10
8
6
4
2
0
16 20 24 28 32 36 40(개)

➡ 계급의 크기: □ 개

➡ 계급의 개수: □ 개

➡ 전체 학생 수: □ 명

❹

(명)
10
8
6
4
2
0
2 5 8 11 14 17 20(회)

➡ 계급의 크기: □ 회

➡ 계급의 개수: □ 개

➡ 전체 학생 수: □ 명

도전! 땅 짚고 헤엄치는 문장제

쉬운 문장제로 연산의 기본 개념을 익혀 봐요!

그래프를 보고 문제를 풀어 보세요.

❶ 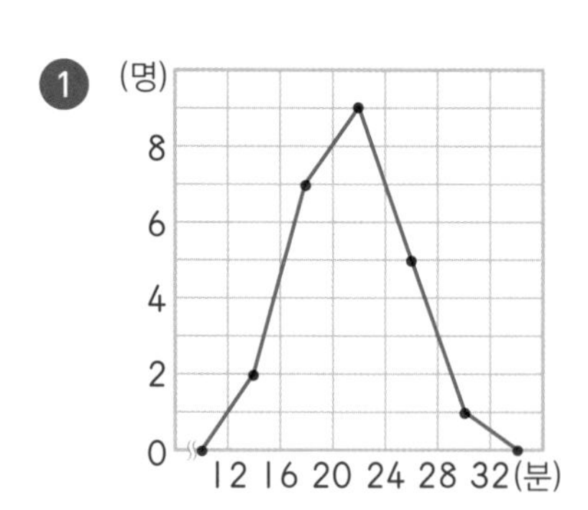

도수분포다각형에서 도수가 가장 큰 계급은 무엇일까요?

이상 미만

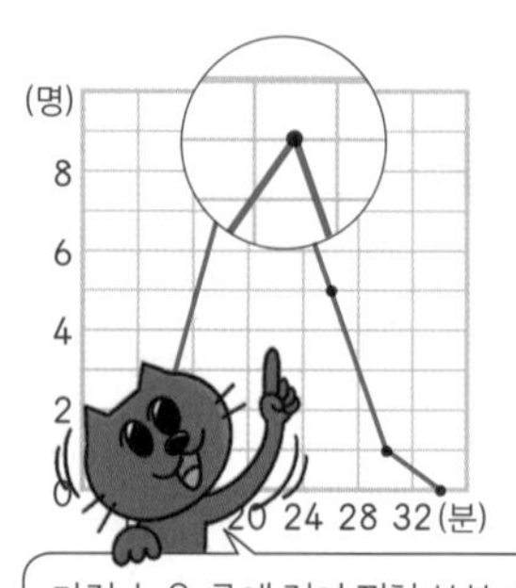

❷ 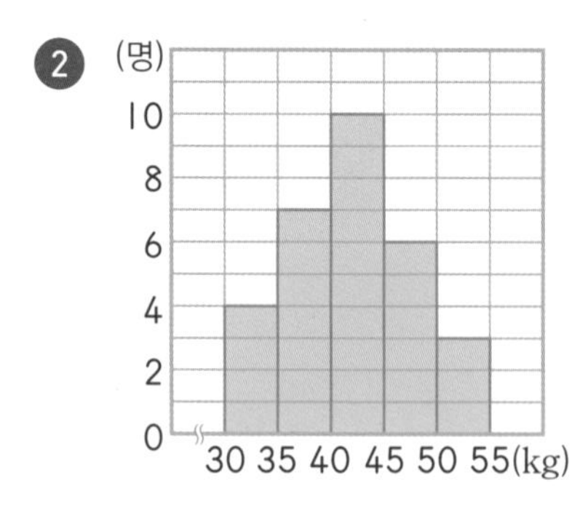

몸무게가 무거운 쪽에서 9번째인 학생이 속하는 계급은 무엇일까요?

이상 미만

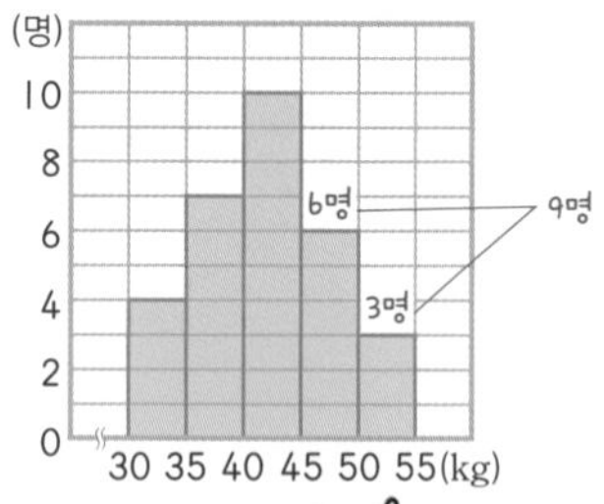

❸ 초등학교 6학년 남학생 30명의 100 m 달리기 기록을 조사하여 나타낸 도수분포다각형입니다. 100 m 달리기 기록이 14초 이상 15초 미만인 학생은 몇 명일까요?

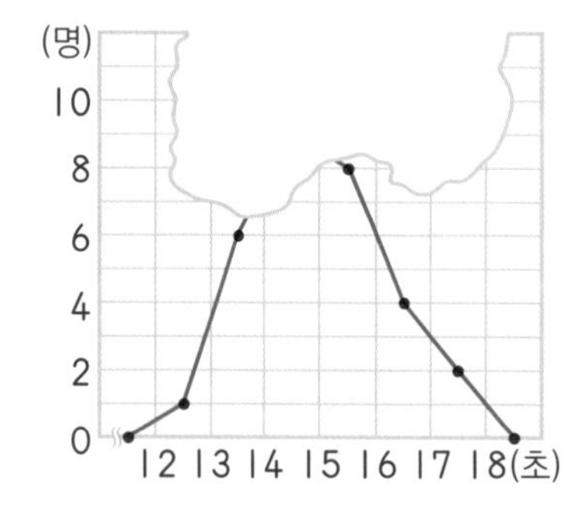

섞어 연습하기

05 그래프 이해하기 종합 문제

□ 안에 알맞은 수를 써넣으세요.

1

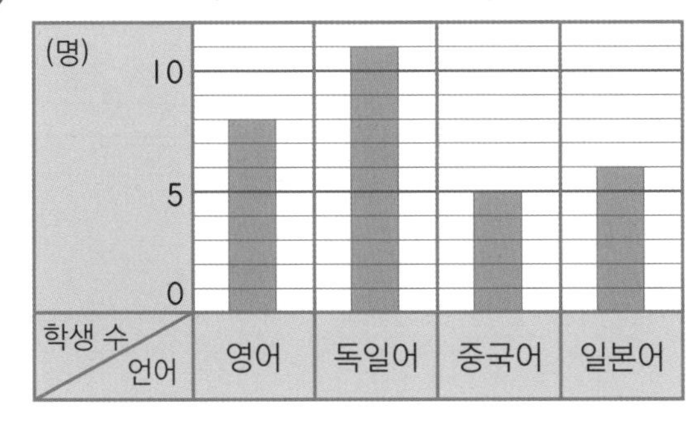

➡ 일본어를 배우고 싶은 학생은 독일어를 배우고 싶은 학생보다 □명 더 적습니다.

2

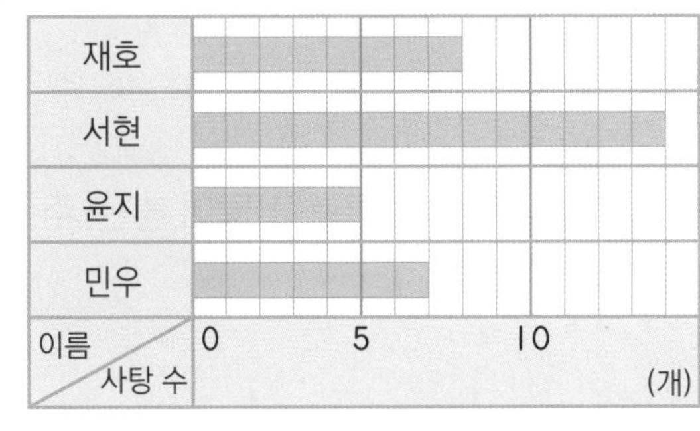

➡ 서현이가 먹은 사탕 수는 민우가 먹은 사탕 수의 □배입니다.

조건 을 보고 □ 안에 알맞은 수를 써넣으세요.

3

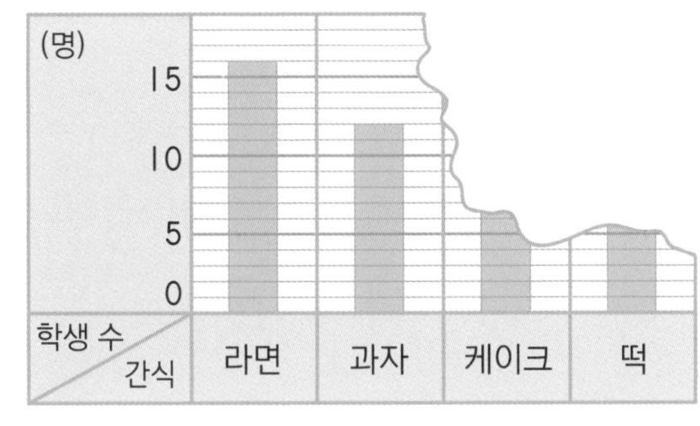

조건

- 라면을 좋아하는 학생 수는 떡을 좋아하는 학생 수의 2배입니다.
- 조사한 학생은 모두 53명입니다.

➡ 케이크를 좋아하는 학생은 □명입니다.

□ 안에 알맞은 수를 써넣으세요.

❶

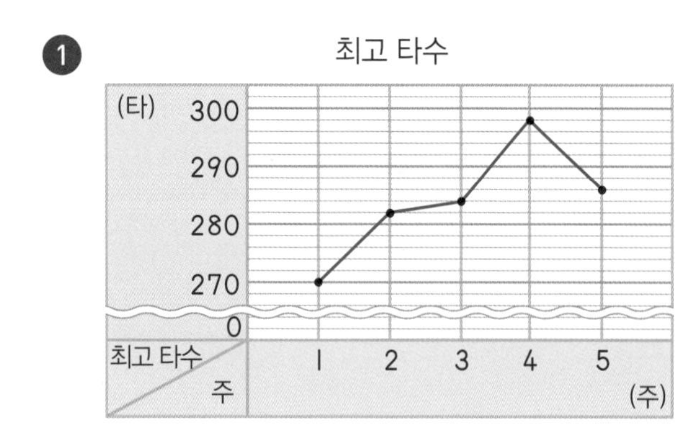

➡ 최고 타수가 전주보다 줄어든 주는 □주입니다.

❷

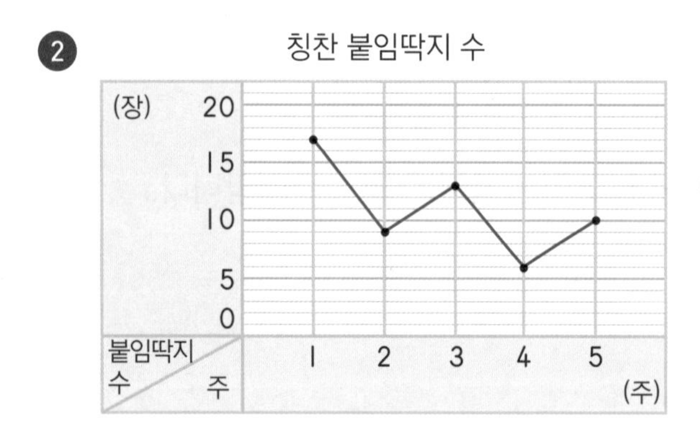

➡ 칭찬 붙임딱지를 전주보다 많이 받은 주는 □주, □주입니다.

❸

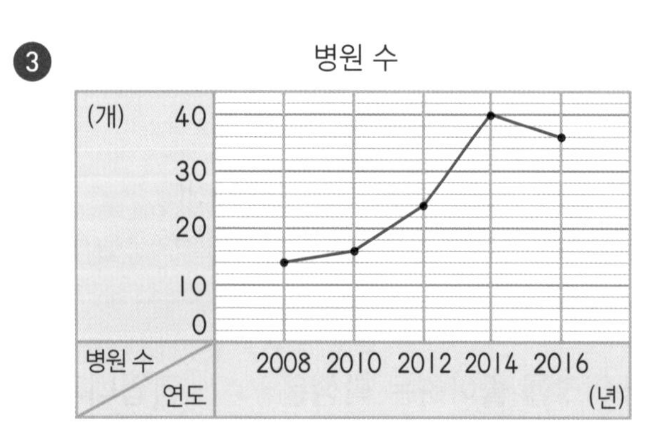

➡ 병원 수가 가장 많이 늘어난 때는 □년에서 □년 사이입니다.

자료를 보고 도수분포표를 완성해 보세요.

❶ [컴퓨터 이용 시간] (단위: 시간)

3	15	17	7	12
1	19	9	7	4
11	11	8	10	2
2	7	16	13	9

➡

컴퓨터 이용 시간(시간)	도수(명)
$0^{이상} \sim 5^{미만}$	
$5 \sim 10$	
$10 \sim 15$	
$15 \sim 20$	
합계	

❷ [몸무게] (단위: kg)

28	27	32	39	24
30	34	23	32	24
25	38	37	30	35
30	34	28	37	35

➡

몸무게(kg)	도수(명)
$20^{이상} \sim 25^{미만}$	
$25 \sim 30$	
$30 \sim 35$	
$35 \sim 40$	
합계	

다음은 학생들을 대상으로 조사하여 나타낸 히스토그램입니다. □ 안에 알맞은 수를 써넣으세요.

❸

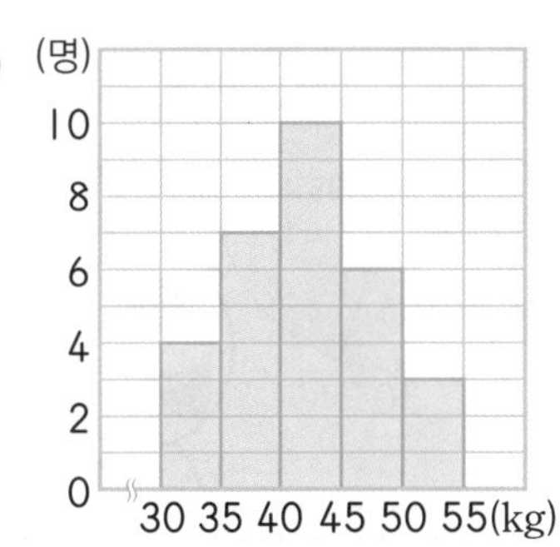

➡ 계급의 크기: □ kg

➡ 계급의 개수: □ 개

➡ 전체 학생 수: □ 명

❹

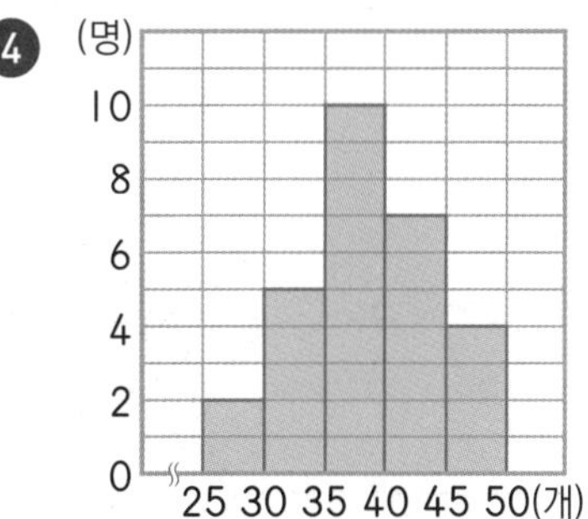

➡ 계급의 크기: □ 개

➡ 계급의 개수: □ 개

➡ 전체 학생 수: □ 명

주어진 표를 원그래프로 바르게 나타낸 것을 찾아 ○표 하세요.

가고 싶은 나라별 학생 수

나라	미국	영국	독일	스페인	기타	합계
학생 수(명)	80	40	20	50	10	200

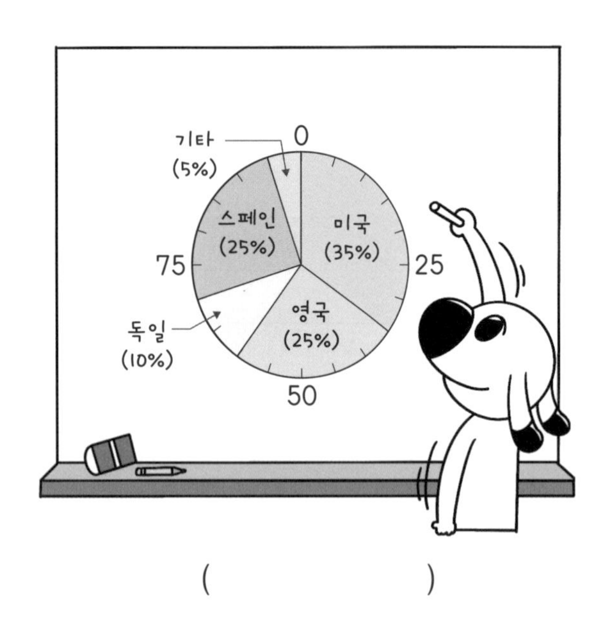

(　　　　　)

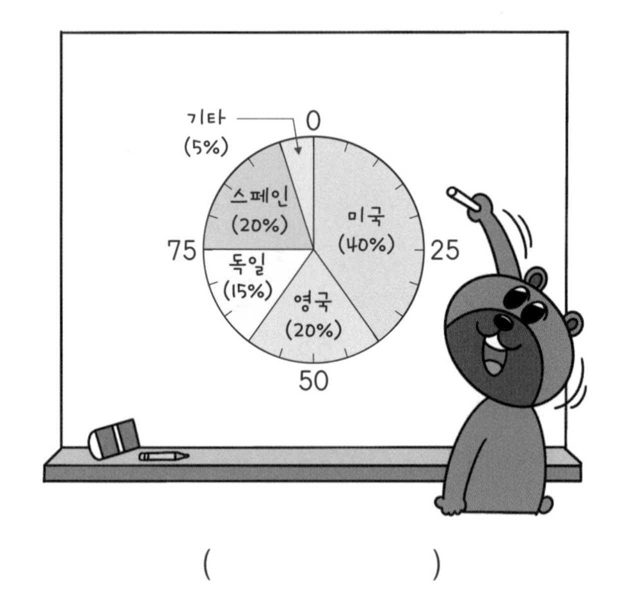

(　　　　　)

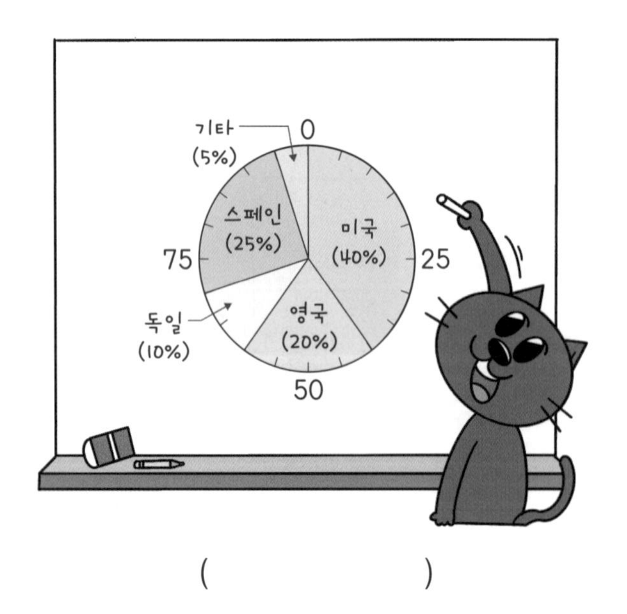

(　　　　　)

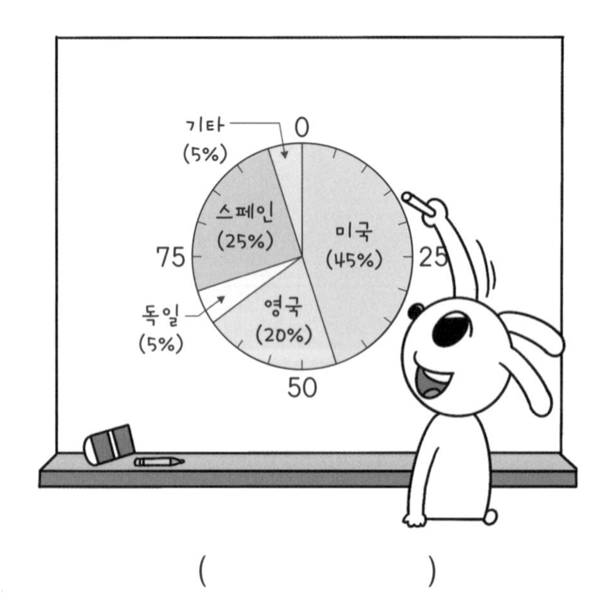

(　　　　　)

둘째 마당

평균

둘째 마당에서는 크기가 다른 자료들을 대표하는 값인 '평균'에 대해서 배워요. 평균은 각 자료의 값을 모두 더해 자료의 수로 나눈 값이에요. 평균으로 자료의 총합과 각 자료의 값을 구해 봐요.

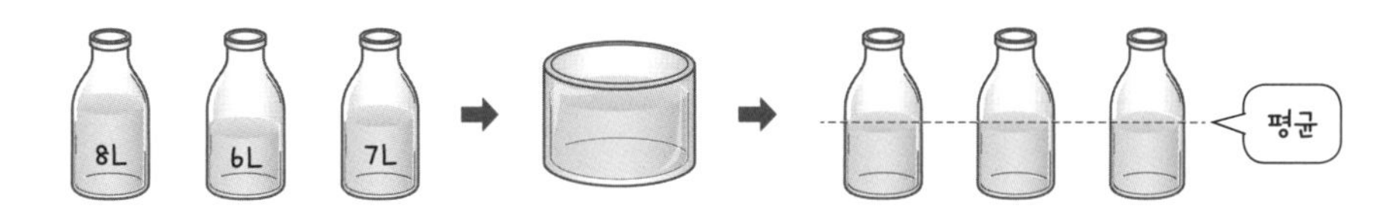

공부할 내용!

공부할 내용!	완료	10일 진도	20일 진도
06 대표할 수 있는 값이 '평균'이야	☐	3일차	5일차
07 평균은 자료의 값의 합을 자료의 수로 나누면 돼	☐		6일차
08 평균을 알면 자료를 완성할 수 있어	☐	4일차	7일차
09 평균을 비교해 자료를 완성해 봐	☐		8일차
10 부분의 평균으로 전체의 평균을 구할 수 있어	☐	5일차	9일차
11 평균이 커지고 작아질 때, 자료의 값도 커지고 작아져	☐		10일차
12 평균 종합 문제	☐	6일차	11일차

대표할 수 있는 값이 '평균'이야

→ 각 자료의 값을 다듬어 크고 작음의 차이가 나지 않게 고르게 한 값

✪ **평균**: 크기가 다른 자료들을 **대표하는 값**

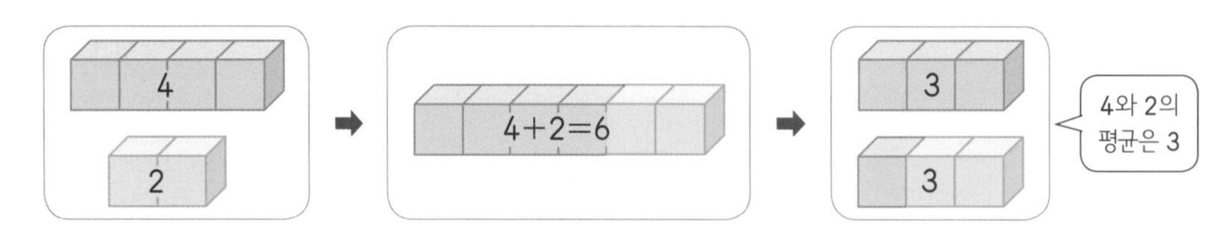

✪ 고르게 만들어 평균 구하기

평균을 예상한 다음, 예상한 수보다 많은 것을 부족한 쪽으로 옮겨 고르게 만듭니다.
이때, 고르게 한 값이 평균 이 됩니다.

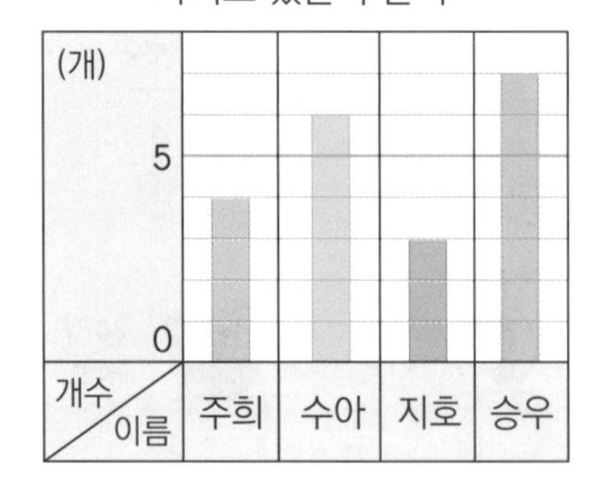

고르게 만들어요.

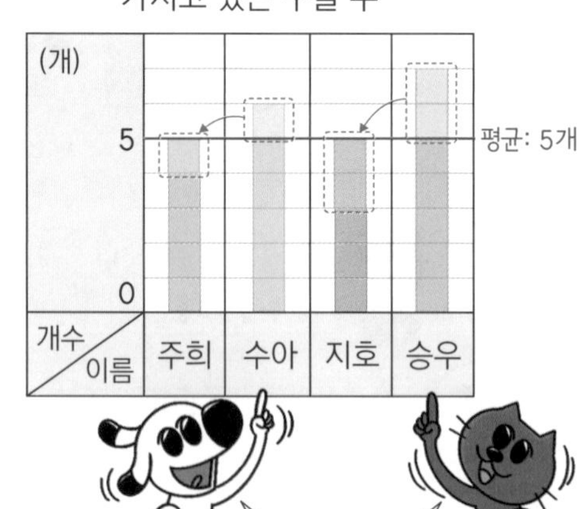

5를 기준으로 기준보다 많은 것을 부족한 쪽으로 옮기면~.

네 명의 학생이 가지고 있는 구슬 수의 평균은 5개예요.

✪ 같은 수를 더하고 빼서 평균 구하기

개수가 고르게 되도록 같은 수를 더하고 뺍니다. 이때, 고르게 한 값이 평균 이 됩니다.

같은 수를 더하고 빼서 고르게 만들면~.

가지고 있는 구슬 수

이름	주희	수아	지호	승우
구슬 수(개)	4	6	3	7

+1, −1, +2, −2

⬇ 고르게 만들어요.

평균: 5개	5	5	5	5

네 명의 학생이 가지고 있는 구슬 수의 평균은 5개예요.

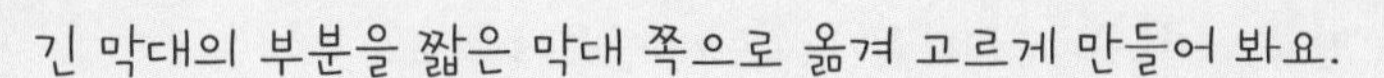

그래프를 고르게 만들어 평균을 구하세요.

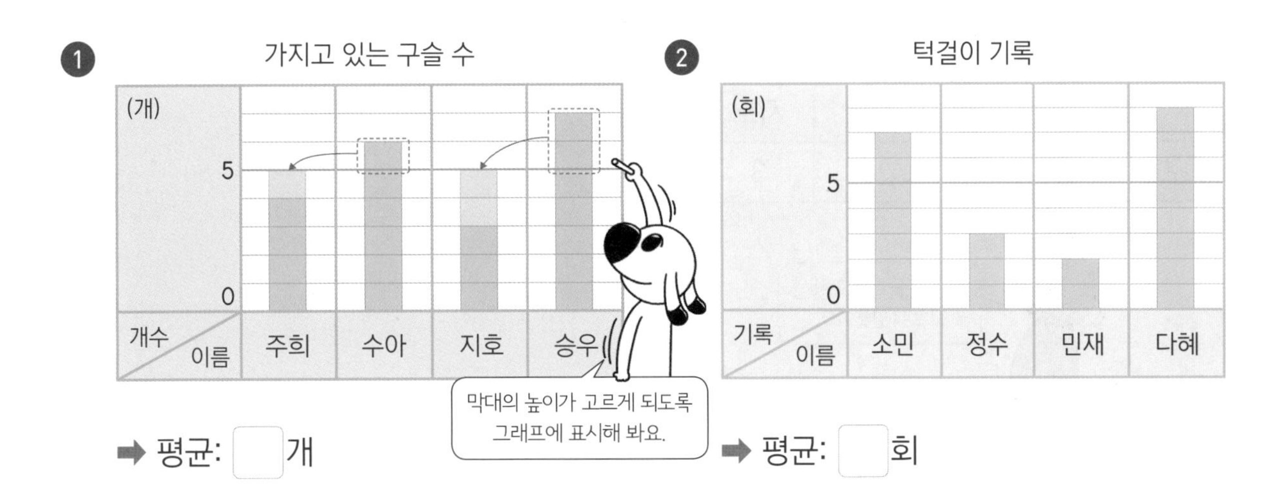

➡ 평균: ☐개

➡ 평균: ☐회

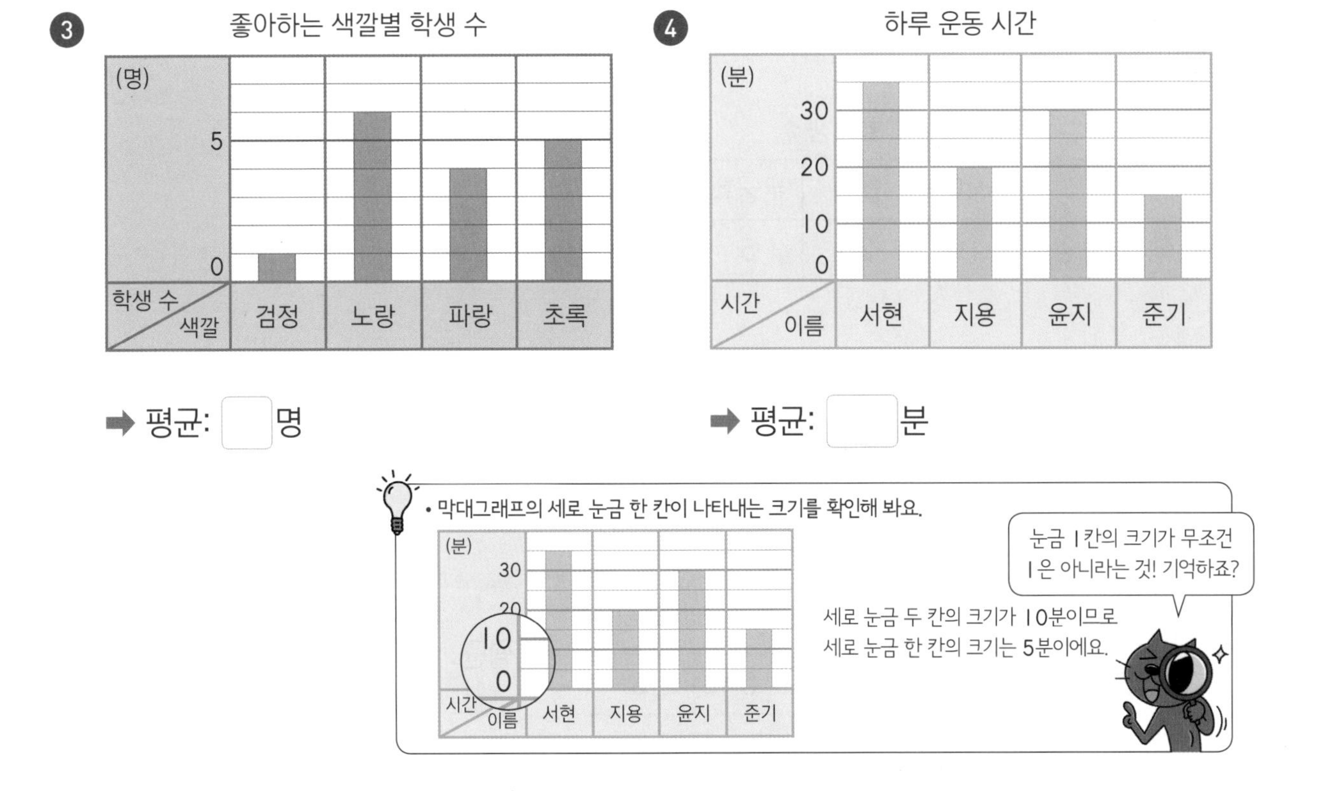

➡ 평균: ☐명

➡ 평균: ☐분

• 막대그래프의 세로 눈금 한 칸이 나타내는 크기를 확인해 봐요.

눈금 1칸의 크기가 무조건 1은 아니라는 것! 기억하죠?

세로 눈금 두 칸의 크기가 10분이므로 세로 눈금 한 칸의 크기는 5분이에요.

수를 더한 만큼 다른 곳에서 빼주어 고르게 만들어 봐요.

표에서 같은 수를 더하고 빼서 평균을 구하세요.

1 가지고 있는 구슬 수

이름	주희	수아	지호	승우
구슬 수(개)	4	6	3	7

+1 −1 +2 −2

➡ 평균: ☐개

같은 수를 더하고 빼서 고르게 만들어요.

2 반별 안경을 쓴 학생 수

반	1반	2반	3반	4반
학생 수(명)	8	6	10	4

➡ 평균: ☐명

3 좋아하는 꽃별 학생 수

꽃	장미	튤립	무궁화	개나리
학생 수(명)	10	20	5	25

➡ 평균: ☐명

4 준우가 쓰러뜨린 볼링핀 수

회	1회	2회	3회	4회
볼링핀 수(개)	9	4	5	6

−3

➡ 평균: ☐개

도전! 땅 짚고 헤엄치는 문장제

쉬운 문장제로 연산의 기본 개념을 익혀 봐요!

다음 문장을 읽고 문제를 풀어 보세요.

1. 세 수의 평균은 얼마일까요?

7 8 9

2. 영수네 모둠의 읽은 책의 수의 평균은 몇 권일까요?

영수네 모둠의 읽은 책의 수

이름	영수	수진	하준	재윤
책의 수(권)	12	9	11	8

권

단위를 꼭 써요.

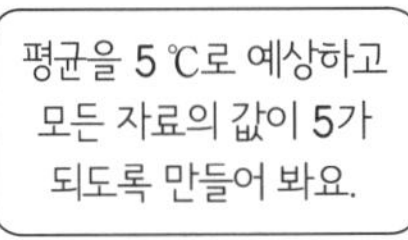

몇 권인지 물었으므로 대답의 단위도 '권'이에요.

3. 요일별 최저 기온의 평균은 몇 ℃일까요?

요일별 최저 기온

요일	월	화	수	목	금	토
기온(℃)	5	3	4	8	5	5

평균을 5 ℃로 예상하고 모든 자료의 값이 5가 되도록 만들어 봐요.

4. 노란색 상자의 무게는 3 kg, 파란색 상자의 무게는 6 kg입니다. 빨간색 상자의 무게가 노란색 상자의 무게의 2배일 때, 세 상자의 무게의 평균은 몇 kg일까요?

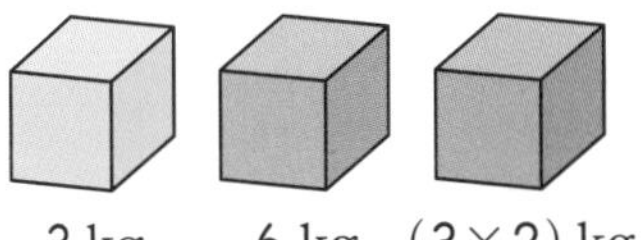

평균은 자료의 값의 합을 자료의 수로 나누면 돼

✪ 평균: 각 자료의 값을 모두 더해 자료의 수로 나눈 값

(평균)=(자료의 값을 모두 더한 수)÷(자료의 수)

$$=\frac{(\text{자료의 값을 모두 더한 수})}{(\text{자료의 수})}$$

• 나눗셈을 분수로 나타내기

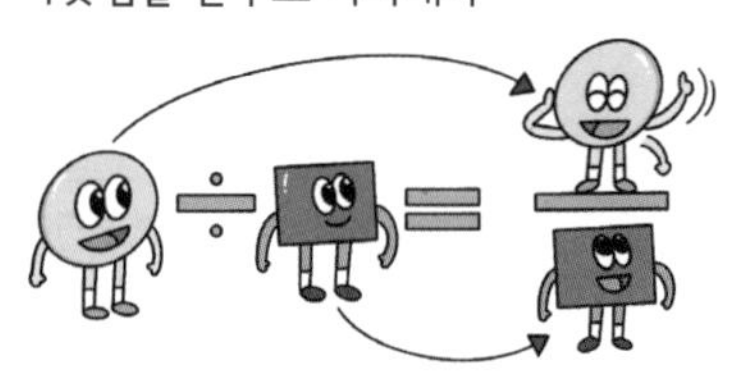

나누어지는 수를 분자로, 나누는 수를 분모로 하여 나눗셈을 분수로 나타낼 수 있어요.

✪ 평균 구하기

가지고 있는 구슬 수

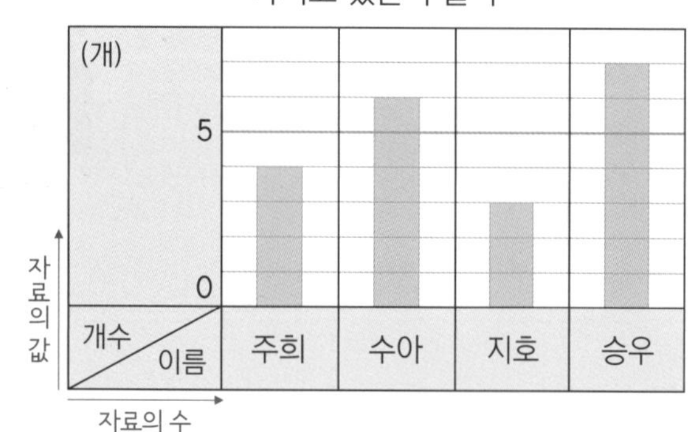

자료의 수 → 가지고 있는 구슬 수

이름	주희	수아	지호	승우
구슬 수(개)	4	6	3	7

자료의 값 →

➡ (평균)=(4+6+3+7)÷4=20÷4=5(개)

(4+6+3+7): 자료의 값을 모두 더한 수, 4: 자료의 수

나눗셈식을 분수로 나타내 구할 수도 있어요.

$$(\text{평균})=\frac{4+6+3+7}{4}=\frac{\overset{5}{\cancel{20}}}{\underset{1}{\cancel{4}}}=5(\text{개})$$

(평균)=(자료의 값을 모두 더한 수)÷(자료의 수)

□ 안에 알맞은 수를 써넣어 자료의 평균을 구하세요.

❶ 7 12 5

➡ (평균)=(7+12+5)÷3=□÷□=□

❷ 9 6 5 8

➡ (평균)=□÷□=□

❸ 15 13 9 27

➡ (평균)=□÷□=□

❹ 14 20 19 31

➡ (평균)=□÷□=□

❺ 11 13 8 16

➡ (평균)=□÷□=□

❻ 7 5 6 9 3

➡ (평균)=□÷□=□

❼ 6 7 6 15 11

➡ (평균)=□÷□=□

• 평균을 빠르게 구하는 꿀팁!
자료의 값의 합을 구할 때 더해서 몇십이 되는 수를 찾아 먼저 더해요!

❽ 22 15 19 28 16

➡ (평균)=□÷□=□

❾ 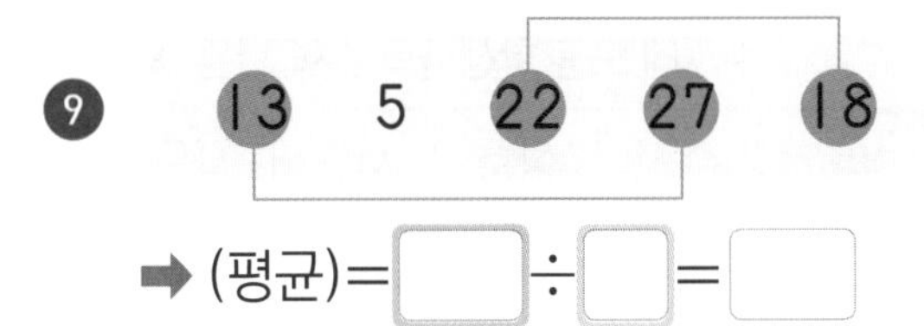

➡ (평균)=□÷□=□

$$(\text{평균})=\frac{(\text{자료의 값을 모두 더한 수})}{(\text{자료의 수})}$$

□ 안에 알맞은 수를 써넣어 자료의 평균을 구하세요.

❶ 상은이의 공 던지기 기록

회	1회	2회	3회
기록(m)	10	14	9

자료의 값을 모두 더하면 10+14+9=33이고, 자료의 수는 3이에요.

➡ $(\text{평균})=\frac{10+14+9}{3}=\frac{\square}{\square}=\square$ (m)

❷ 민수네 모둠 학생들의 일주일 동안 독서 시간

이름	민수	상호	혜진	준수
독서 시간(시간)	6	6	8	4

➡ $(\text{평균})=\frac{\square}{\square}=\square$ (시간)

독서 시간의 총합 / 학생 수

❸ 다혜네 학교 5학년의 반별 학생 수

반	1반	2반	3반	4반	5반
학생 수(명)	20	22	23	19	21

➡ $(\text{평균})=\frac{\square}{\square}=\square$ (명)

학생 수의 총합 / 반 수

❹ 주호의 제기차기 기록

회	1회	2회	3회	4회	5회
기록(개)	5	7	2	9	12

➡ $(\text{평균})=\frac{\square}{\square}=\square$ (개)

❺ 수지네 모둠 학생들의 수학 단원 평가 점수

이름	수지	성호	서현	지용	민재	준기
점수(점)	85	80	85	95	90	75

➡ $(\text{평균})=\frac{\square}{\square}=\square$ (점)

그래프에 자료의 값을 써서 구하면 쉬워요.

그래프를 보고 평균을 구하세요.

1 세호 친구들의 턱걸이 기록

(회)
5
0
기록 / 이름: 세호, 연정, 범호, 희진
7, 6, 3, 4

➡ 회

그래프에 자료의 값을 써서 계산하면 쉬워요.

2 서현이의 제기차기 기록

(개)
5
0
기록 / 회: 1회, 2회, 3회, 4회

➡

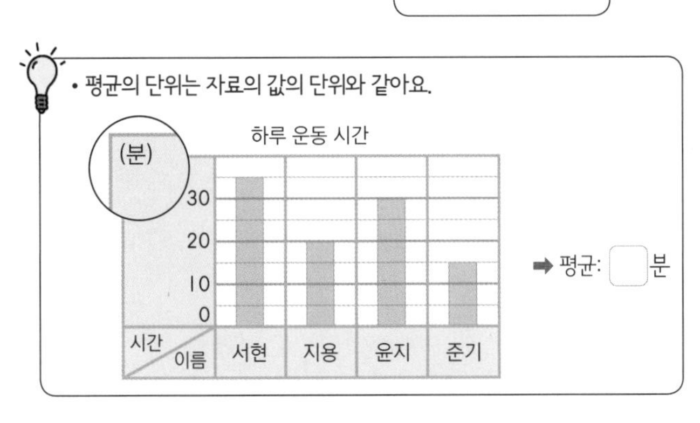

세로 눈금 한 칸의 크기가 나타내는 값을 확인해요!

3 바구니에 넣은 콩 주머니 수

(개)
5
0
개수 / 이름: 다온, 도하, 이율, 민호, 소정

➡

4 주호의 50 m 달리기 기록

(초)
10
0
기록 / 회: 1회, 2회, 3회, 4회, 5회

➡

도전! 땅 짚고 헤엄치는 **문장제**

쉬운 문장제로 연산의 기본 개념을 익혀 봐요!

다음 문장을 읽고 문제를 풀어 보세요.

❶ 달걀 4개의 무게를 잰 것입니다. 달걀 1개의 무게의 평균은 몇 g일까요?

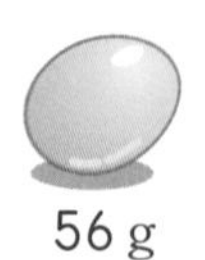

50 g 60 g 56 g 58 g

g

단위를 꼭 써요.

(평균)

$= \frac{(\text{자료의 값을 모두 더한 수})}{(\text{자료의 수})}$

❷ 다음 수들의 평균은 얼마일까요?

42 43 44 45 46

❸ 다음 수들의 평균은 얼마일까요?

21 45 63 74 15 22

❹ 병에 담긴 주스를 모두 모았다가 3개의 병에 다시 똑같이 나누어 담을 때, 한 병에 몇 L씩 담으면 될까요?

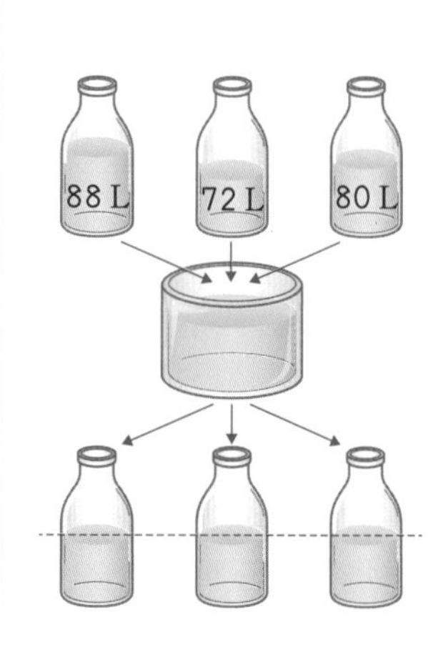

평균을 알면 자료를 완성할 수 있어

평균을 보고 자료 완성하기

주호의 과목별 단원 평가 점수

과목	국어	수학	사회	과학	평균
점수(점)	95		80	85	90

주호의 과목별 단원 평가 점수의 평균은 90점이에요.

(1) 주호의 과목별 단원 평가 점수의 합 구하기
(합: 자료의 모든 값을 더한 수(자료 값의 총합))

(평균)=(자료 값의 총합)÷(자료의 수)
➡ (자료 값의 총합)=(평균)×(자료의 수) $=90\times4=$ 360 (점)
(4: 자료의 수(과목 수))

(2) 수학 점수 구하기

95+(수학 점수)+80+85=360(점) ➡ (수학 점수)=360−260= 100 (점)

두 자료의 평균이 같을 때 자료 완성하기

민재의 100 m 달리기 기록

회	기록(초)
1회	15
2회	19
3회	17

진우의 100 m 달리기 기록

회	기록(초)
1회	16
2회	18
3회	17
4회	

두 자료의 평균이 같아요.

(1) 평균 구하기

(민재의 100 m 달리기 기록의 평균)

$=\frac{15+19+17}{3}=17$(초)

➡ 진우의 평균 기록: 17초

(2) 진우의 4회 기록 구하기

(진우의 기록의 총합)$=17\times4=68$(초)
➡ (진우의 4회 기록)
$=68-(16+18+17)$
$=68-51=17$(초)

진우의 100 m 달리기 4회 기록은 17초가 돼요.

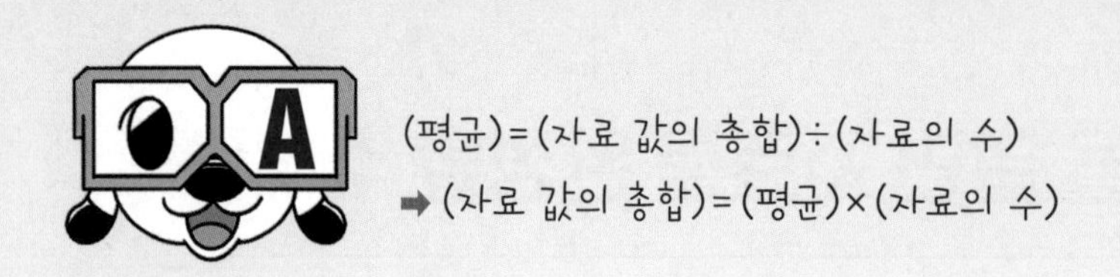

(평균)=(자료 값의 총합)÷(자료의 수)
➡ (자료 값의 총합)=(평균)×(자료의 수)

주어진 수들의 평균을 보고, □ 안에 알맞은 수를 써넣으세요.

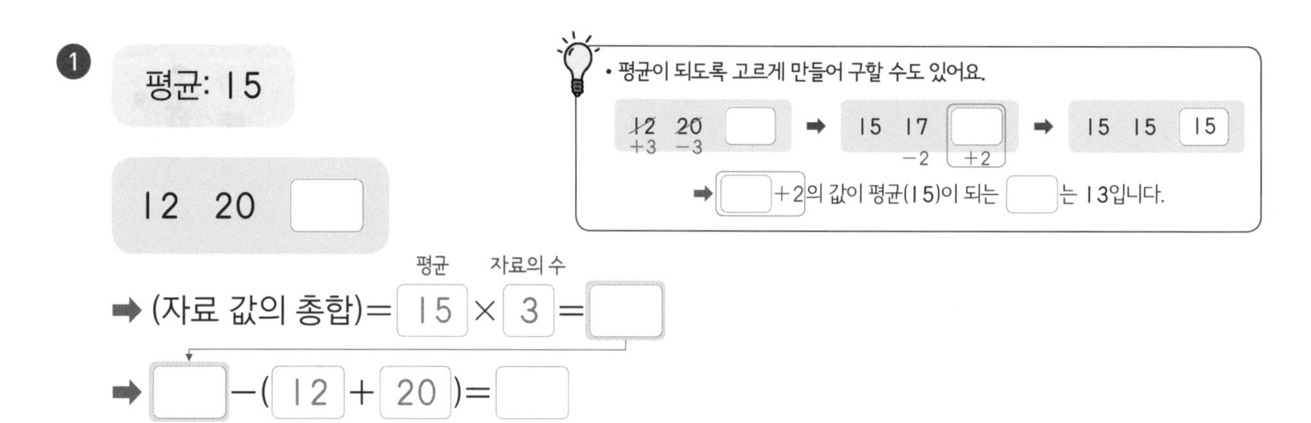

❶ 평균: 15

12 20 □

➡ (자료 값의 총합)= 15 (평균) × 3 (자료의 수) = □

➡ □−(12 + 20)= □

❷ 평균: 16

11 21 □

❸ 평균: 24

25 28 □

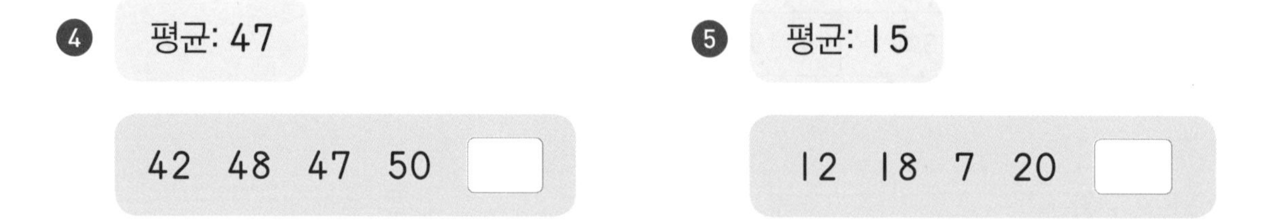

❹ 평균: 47

42 48 47 50 □

❺ 평균: 15

12 18 7 20 □

❻ 평균: 35

37 38 27 30 □

❼ 평균: 50

52 58 47 50 □

자료 값의 총합에서 아는 자료의 값의 합을 빼서 모르는 자료의 값을 구해 보세요.

□ 안에 알맞은 수를 써넣어 표를 완성하세요.

❶ 효연이의 제기차기 기록

회	1회	2회	3회	4회	평균
기록(개)	9	11		8	10

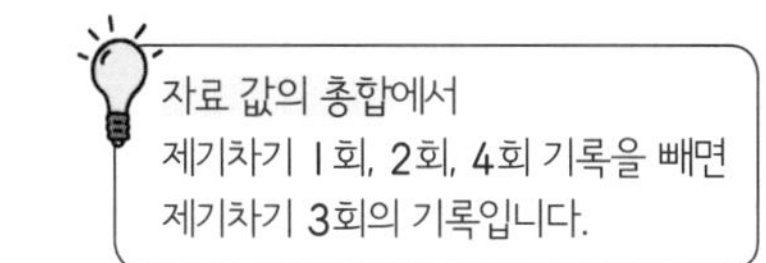
자료 값의 총합에서 제기차기 1회, 2회, 4회 기록을 빼면 제기차기 3회의 기록입니다.

➡ (제기차기 3회 기록)= 10 × 4 − □ = □ (개)
평균 자료의 수 ↳ 1, 2, 4회 기록의 합

❷ 투호에 넣은 화살 수

이름	현아	재현	경민	준기	평균
화살 수(개)	3	7	6		5

➡ (준기가 넣은 화살 수)= □ × □ − □ = □ (개)
평균 자료의 수 ↳ 현아, 재현, 경민이가 넣은 화살 수의 합

❸ 반별 학생 수

반	1반	2반	3반	4반	5반	평균
학생 수(명)	25	24		24	25	24

➡ (3반 학생 수)= □ × □ − □ = □ (명)

❹ 6일 동안 운동한 시간

요일	월	화	수	목	금	토	평균
시간(분)	20	20		30	40	35	30

➡ (수요일에 운동한 시간)= □ × □ − □ = □ (분)

값을 모두 알고 있는 자료로 평균을 구한 다음,
(평균)×(자료의 수)=(자료 값의 총합)을 이용해 표를 완성해 보세요.

두 자료의 평균이 같을 때, 평균을 구하고 표를 완성하세요.

1 민주의 공 던지기 기록

회	기록(m)
1회	10
2회	18
3회	20
4회	16

서하의 공 던지기 기록

회	기록(m)
1회	20
2회	
3회	14
4회	12

➡ 평균: ☐ m

민주의 공 던지기 기록의 평균을 먼저 구해 봐요.

평균을 알면 자료를 완성할 수 있어요.

2 A 책의 월별 판매량

월	판매량(권)
1	250
2	200
3	170
4	180

B 책의 월별 판매량

월	판매량(권)
1	270
2	
3	190
4	120

➡ 평균: ☐ 권

3 정호의 요일별 독서 시간

요일	시간(분)
월	40
수	45
금	50

수아의 요일별 독서 시간

요일	시간(분)
월	45
화	50
목	35
금	

➡ 평균: ☐ 분

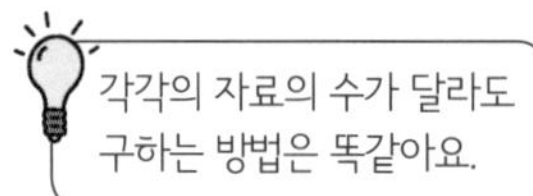

각각의 자료의 수가 달라도 구하는 방법은 똑같아요.

도전! 딱 짚고 헤엄치는 문장제

쉬운 문장제로 연산의 기본 개념을 익혀 봐요!

다음 문장을 읽고 문제를 풀어 보세요.

❶ 윤아네 모둠의 줄넘기 기록의 평균이 120개일 때, 은호의 줄넘기 기록은 몇 개일까요?

윤아네 모둠의 줄넘기 기록

이름	윤아	은호	진수
기록(개)	90		150

개

(자료의 값의 총합)
=(평균)×(자료의 수)

❷ 숫자 카드 5장의 평균이 20일 때, 빈 숫자 카드에 적힌 숫자는 몇 일까요?

27 23 18 13 ?

❸ 혜진이와 수호의 훌라후프 돌리기 기록의 평균이 같을 때, 혜진이의 마지막 훌라후프 기록은 몇 회일까요?

혜진 40 27 □ 수호 32 50 53

혜진이의 평균 = 수호의 평균
⬇
혜진이의 기록의 총합 = 수호의 기록의 총합

❹ 주아의 단원별 수학 시험 점수입니다. 평균이 92점 이상 되려면, 주아가 마지막에 받아야 하는 점수는 몇 점 이상일까요?

95 87 92 95 96 □

● 이상: ●와 같거나 ●보다 큰 수

평균 92점이 될 수 있는 가장 낮은 점수를 구해야 하므로 평균을 92점으로 생각하고 구해요.

평균을 비교해 자료를 완성해 봐

✪ 평균을 비교해 자료 완성하기

뽀냥이의 50 m 달리기 기록

회	기록(초)
1회	7
2회	9
3회	

빠독이의 50 m 달리기 기록

회	기록(초)
1회	9
2회	8
3회	10

(1) 평균 구하기

(빠독이의 50 m 달리기 기록의 평균)$=\dfrac{9+8+10}{3}=9$(초)

(뽀냥이의 50 m 달리기 기록의 평균)$=\boxed{9}-1=8$(초)

(2) 뽀냥이의 자료 완성하기

1회 기록 2회 기록 / 자료 값의 합

$7+9+$ 3회 기록 $=8\times3$

➡ 3회 기록 $=24-16=8$(초)

자료 완성하기 ➡

뽀냥이의 50 m 달리기 기록

회	기록(초)
1회	7
2회	9
3회	8

두 자료의 평균을 비교하여 ◯ 안에 >, =, <를 알맞게 써넣으세요.

❶ 배드민턴 동아리 회원의 나이

이름	민지	경수	다혜	서준
나이(살)	14	15	18	13

테니스 동아리 회원의 나이

이름	준기	서현	강혁	예지
나이(살)	16	12	11	13

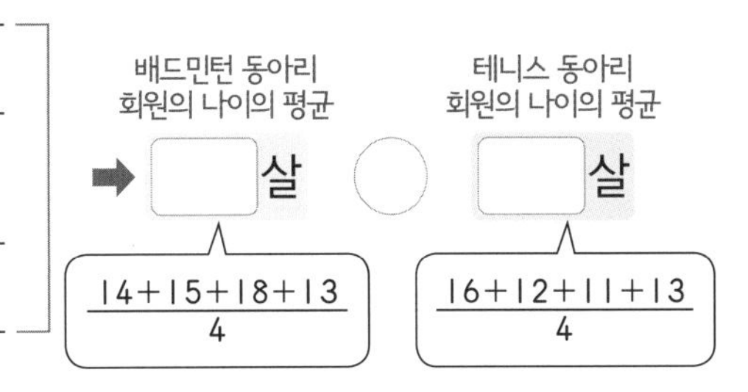

❷ 한 주간 만든 식빵 수

요일	월	화	수	목	금
개수(개)	150	180	210	205	195

한 주간 만든 크림빵 수

요일	월	화	수	목	금
개수(개)	165	180	205	220	175

한 주간 만든 식빵 수의 평균 / 한 주간 만든 크림빵 수의 평균

❸ 주아의 영어 시험 점수

회	1회	2회	3회	4회
점수(점)	95	85	80	100

준표의 영어 시험 점수

회	1회	2회	3회	4회	5회
점수(점)	90	80	95	95	85

주아의 영어 시험 점수의 평균 / 준표의 영어 시험 점수의 평균

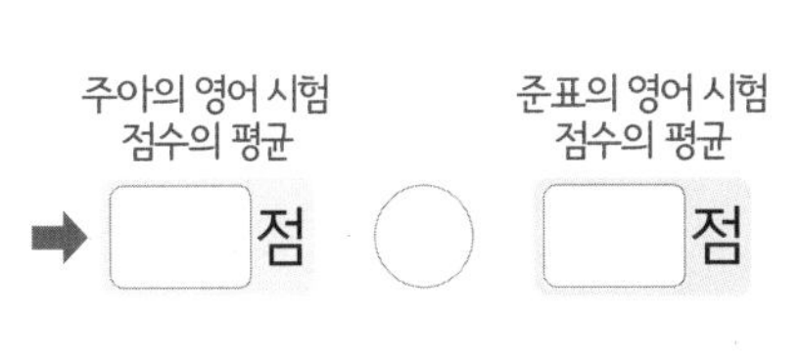

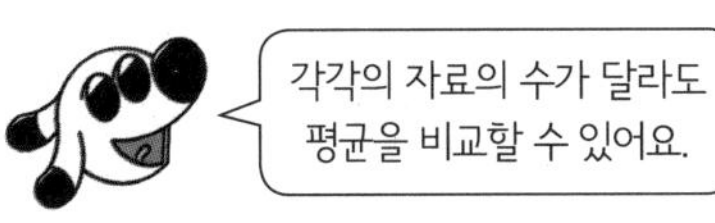

값을 모두 알고 있는 자료로 평균을 구한 다음,
나머지 자료의 평균을 구해 표를 완성해 보세요.

B 의 평균이 A 의 평균보다 1만큼 더 낮을 때, 표를 완성하세요.

❶ 민수네 조가 가지고 있는 구슬 수

A

이름	민수	재호	희윤	민준	평균
구슬 수(개)	9	7	10	6	

(−1)

보혜네 조가 가지고 있는 구슬 수

B

이름	보혜	지호	근우	혜성	평균
구슬 수(개)	6	4		11	

A 의 평균을 먼저 구하면
B 의 평균도 알 수 있어요.

(보혜네 조가 가지고 있는 구슬의 총 개수)=(평균)×4= 28
➡ (근우가 가지고 있는 구슬 수)= 28 −(6+4+11)= 7
└ 보혜, 지호, 혜성이가 가지고 있는 구슬 수의 합

❷ 민지의 턱걸이 기록

A

회	1회	2회	3회	4회	평균
기록(회)	6	7	5	6	

(−1)

예지의 턱걸이 기록

B

회	1회	2회	3회	4회	평균
기록(회)	3	7		4	

❸ 민재가 푼 문제집 쪽수

A

요일	월	화	수	목	평균
쪽수(쪽)	17	20		22	

(+1)

민휘가 푼 문제집 쪽수

B

요일	월	화	수	목	평균
쪽수(쪽)	15	22	23	20	

이번엔 반대로
B 의 평균을 먼저 구하면
A 의 평균도 알 수 있어요.

자료의 수가 달라도 한 자료의 평균을 구하면
나머지 자료의 평균을 구할 수 있어요.

B 의 평균이 A 의 평균보다 1만큼 더 낮을 때, 표를 완성하세요.

1

A

4학년 반별 학생 수

반	1반	2반	3반	4반	평균
학생 수(명)	26	29	30	27	

−1

B

5학년 반별 학생 수

반	1반	2반	3반	4반	5반	평균
학생 수(명)	26	27		29	27	

자료의 수가 달라도
A 의 평균을 먼저 구하면
B 의 평균도 알 수 있어요.

총합을 알면 빈 자료를
완성하기 쉬워요~.

총합

2

A

4학년 반별 안경을 쓴 학생 수

반	1반	2반	3반	4반	평균
학생 수(명)	5	6	6	7	

−1

B

5학년 반별 안경을 쓴 학생 수

반	1반	2반	3반	4반	5반	평균
학생 수(명)	4	5	4	7		

3

A

윤지의 요일별 독서 시간

요일	월	화	수	목	평균
시간(분)	50	40		45	

+1

반대로 하면
A 의 평균이 B 의 평균보다
1 만큼 더 높아요.

B

서현이의 요일별 독서 시간

요일	월	화	수	목	금	평균
시간(분)	50	35	40	45	50	

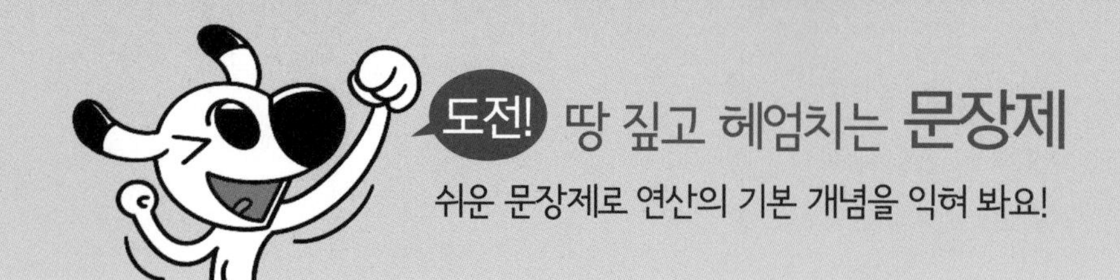

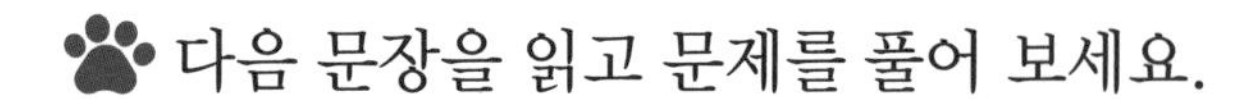

1 수미와 연우의 훌라후프 돌리기 기록입니다. 수미는 연우보다 훌라후프 돌리기 기록의 평균이 몇 회 더 많을까요?

수미 | 175 145 205 | 연우 | 148 150 110

2 수지네 모둠과 경수네 모둠의 철봉 매달리기 기록을 나타낸 표입니다. 어느 모둠이 더 잘했다고 볼 수 있나요?

수지네 모둠의 철봉 매달리기 기록

이름	기록(초)
수지	5
준기	9
현아	1
수혁	3
예지	2

경수네 모둠의 철봉 매달리기 기록

이름	기록(초)
경수	6
예령	6
현서	8
민정	4

3 경희가 뽑은 숫자 카드 3장의 평균이 율이가 뽑은 숫자 카드 3장의 평균보다 2만큼 더 클 때, 율이가 마지막에 뽑은 숫자 카드에 적힌 숫자는 몇 일까요?

경희 16 20 15 율 17 9 ?

부분의 평균으로 전체의 평균을 구할 수 있어

✪ 부분의 평균을 이용하여 전체의 평균 구하기

각 자료의 값을 모두 더한 수를 [전체 자료의 수] 로 나누어 평균을 구합니다.

이름	던진 횟수(회)	평균 거리(m)
석준	2	12
민호	4	9

(1) 석준이와 민호의 공 던지기 기록의 합 구하기

(석준이의 공 던지기 기록의 합)$=12\times2=24$ (m)

(민호의 공 던지기 기록의 합)$=9\times4=36$ (m)

공 던지기 기록의 합은 (평균 거리)×(던진 횟수)로 구해요.
평균 / 자료의 수

(2) 두 사람의 공 던지기 기록의 평균 구하기

(전체 던진 횟수)$=2+4=6$(번)

(두 사람의 공 던지기 기록의 총합)$=24+36=60$ (m)

➡ (두 사람의 공 던지기 기록의 평균)$=\frac{60}{6}=$ [10] (m)

석준이와 민호가 공을 던진 횟수가 서로 다르므로
(두 사람의 공 던지기 기록의 평균)$=\frac{(\text{평균의 합})}{(\text{더한 평균의 수})}$
$=\frac{12+9}{2}=10.5$ (m)로
구할 수 없어요.

• 자료의 수가 같은 두 자료는 평균의 합을 평균의 수로 나누어 구할 수도 있어요.

모임	인원(명)	나이(살)
영화 모임	3	17
독서 모임	3	19

자료의 수가 같아요.

➡ (두 모임의 나이의 평균)
$=\frac{(\text{평균의 합})}{(\text{더한 평균의 수})}=\frac{17+19}{2}=18$(살)

부분의 평균을 알고 있는 자료의 전체의 평균은
자료의 값을 모두 더한 수를 전체 자료의 수로 나누어 구해요.

☐ 안에 알맞은 수를 써넣어 두 자료의 평균을 구하세요.

❶

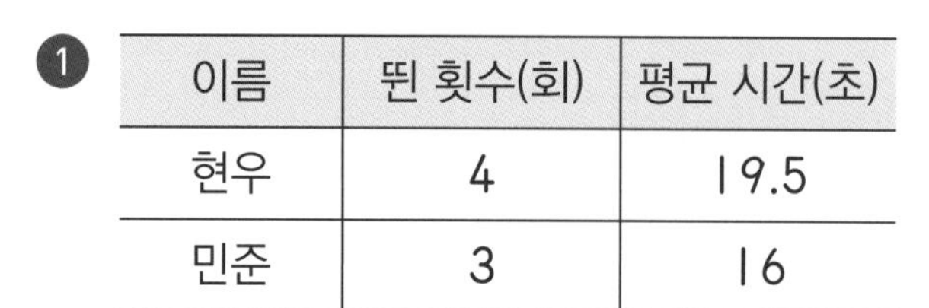

이름	뛴 횟수(회)	평균 시간(초)
현우	4	19.5
민준	3	16

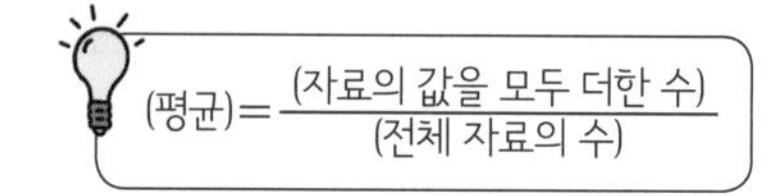

현우의 자료 값의 총합 　 민준이의 자료 값의 총합

➡ 평균: $\dfrac{19.5 \times 4 + 16 \times 3}{4 + 3} = \dfrac{\square + \square}{\square} = \dfrac{\square}{\square} = \square$(초)

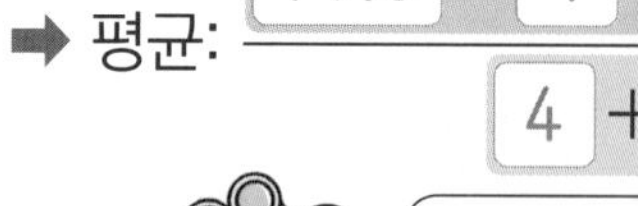

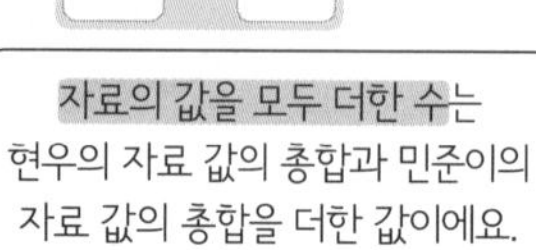

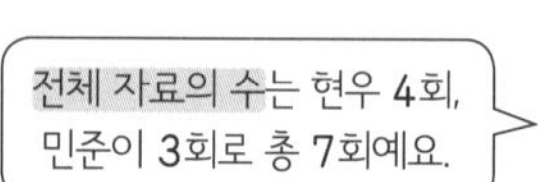

❷

모임	인원(명)	평균 나이(살)
요리 모임	4	24
게임 모임	4	20

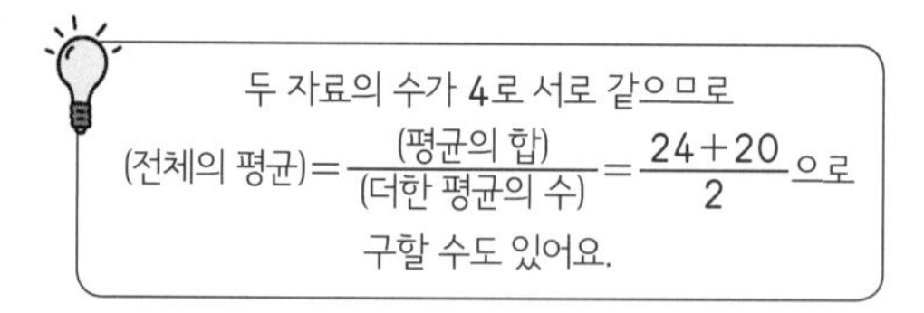

➡ 평균: $\dfrac{\square + \square}{\square} = \dfrac{\square}{\square} = \square$(살)

❸

이름	독서 횟수(회)	평균 시간(분)
지수	3	50
명훈	5	42

➡ 평균: ☐분

❹

장소	방문 횟수(회)	평균 시간(분)
서점	2	16
도서관	4	40

➡ 평균: ☐분

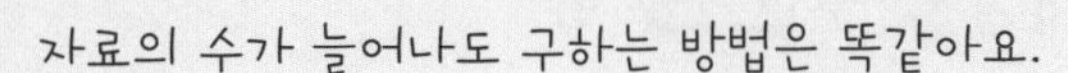

각각의 평균을 보고 전체 평균을 구하세요.

1.

남자 회원(8명) 평균 나이 12살	여자 회원(16명) 평균 나이 15살

➡ 전체 회원의 평균 나이: ______ 살

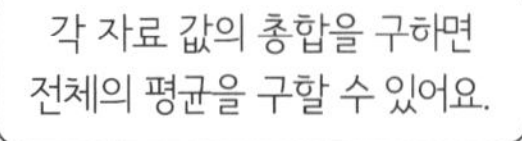

단위를 꼭 써요.

2.

남학생(10명) 평균 키 154 cm	여학생(6명) 평균 키 150 cm

➡ 전체 학생의 평균 키: ______

3.

승호네 조(5명) 평균 점수 81점	정민이네 조(4명) 평균 점수 87점	승준이네 조(6명) 평균 점수 83점

➡ 전체 조원의 평균 점수: ______

4.

진우네 조(5명) 평균 나이 13살	유리네 조(5명) 평균 나이 16살	민아네 조(5명) 평균 나이 16살

➡ 전체 조원의 평균 나이: ______

세 자료의 수가 5로 서로 같으므로 전체의 평균을 $\frac{(\text{평균의 합})}{(\text{더한 평균의 수})}=\frac{13+16+16}{3}$으로 구할 수도 있어요.

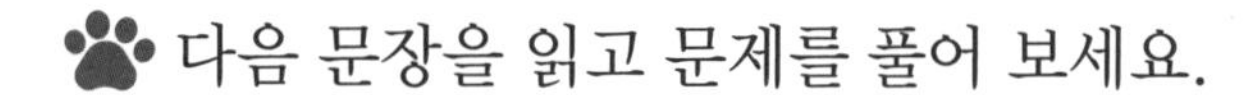

❶ 영화 모임 회원 10명의 나이의 평균은 18살이고, 그림 그리기 모임 회원 5명의 나이의 평균은 15살입니다. 두 모임 회원의 나이의 평균은 몇 살일까요?

(평균) = $\dfrac{(\text{자료의 값을 모두 더한 수})}{(\text{자료의 수})}$

________ 살

단위를 꼭 써요.

❷ 수아의 국어와 수학 시험 점수의 평균은 86점이고, 정민이의 국어와 수학 시험 점수의 평균은 93점입니다. 두 학생의 시험 점수의 평균은 몇 점일까요?

자료의 수가 같은 두 자료의 평균은 $\dfrac{(\text{평균의 합})}{(\text{더한 평균의 수})} = \dfrac{86+93}{2}$ 으로 구할 수도 있어요.

____

❸ 지현, 민재, 정후, 용석 네 사람의 키의 평균은 145 cm이고, 주아와 현아의 키의 평균은 136 cm입니다. 여섯 사람의 키의 평균은 몇 cm일까요?

____

❹ 정훈이네 반 남학생 12명의 몸무게의 평균은 38 kg이고, 여학생 8명의 몸무게의 평균은 33 kg입니다. 정훈이네 반 전체 학생의 몸무게의 평균은 몇 kg일까요?

____

평균이 커지고 작아질 때, 자료의 값도 커지고 작아져

✪ 자료의 수가 변하지 않는 경우

지아의 과목별 단원 평가 점수

과목	국어	수학	영어	과학	평균
4월 점수(점)	90	85	90	75	85
5월 점수(점)	90	85	90		86

5월의 점수의 평균이 4월의 점수의 평균보다 1점 더 높아요.

(5월 단원 평가의 총점)=(4월 단원 평가의 총점)+1×4

늘어난 평균 점수: 1, 과목 수: 4

➡ (5월 과학 점수)=(4월 과학 점수)+ 4 =75+4=79(점)

• 평균이 1점씩 높아지려면, 자료의 값을 모두 더한 수가 자료의 수만큼씩 커져야 해요.

$(평균)=\frac{4}{4}=1$

$(평균)=\frac{4+4}{4}=1+1=2$ (4×1)

자료 값의 합이 자료의 수만큼 커지면 평균도 1점 커져요.

$(평균)=\frac{4+8}{4}=1+2=3$ (4×2)

자료 값의 합이 자료의 수의 2배만큼 커지면 평균도 2점 커져요.

✪ 자료의 수가 변하는 경우

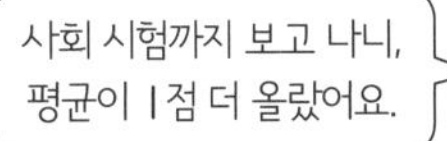

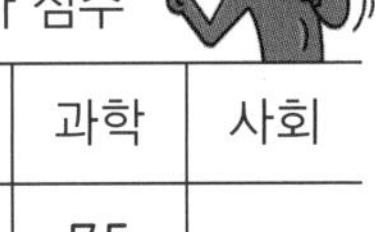

지아의 과목별 단원 평가 점수

과목	국어	수학	영어	과학
점수(점)	90	85	90	75

➡

지아의 과목별 단원 평가 점수

과목	국어	수학	영어	과학	사회
점수(점)	90	85	90	75	

$(네 과목 점수의 평균)=\frac{90+85+90+75}{4}=85(점)$

➡ (사회 점수)= 85 +1×5=90(점)

늘어난 평균 점수: 1, 과목 수: 5

자료의 수가 변하지 않을 때,
자료의 총합이 자료의 수만큼 커질 때 평균도 1만큼 더 커져요.

Ⓑ의 평균이 Ⓐ의 평균보다 1만큼 더 높을 때, 표를 완성하세요.

❶ 은지의 과목별 단원 평가 점수

과목	국어	수학	영어	과학
Ⓐ 4월 점수(점)	86	90	84	72
Ⓑ 5월 점수(점)	86	90	84	

• 자료의 수가 4일 때, 평균이 1점 더 커지는 경우
(5월 평가의 총점)=(4월 평가의 총점)+1×4
늘어난 평균 점수 / 과목 수
➡ (5월 과학 점수)=(4월 과학 점수)+4

과학 점수만 올려
평균을 1점 더 올렸어요!

❷ 경민이의 제기차기 기록

회	1회	2회	3회	4회	5회
Ⓐ 1학기 기록(개)	6	2	5	3	4
Ⓑ 2학기 기록(개)	6	2	5	3	

평균을 1개 더 높이기 위해
5회에는 제기를 몇 개
차야 할까요?

❸ 정호네 모둠의 훌라후프 돌리기 기록

이름	정호	석주	명진	진호
Ⓐ 1회 기록(회)	46	50	48	56
Ⓑ 2회 기록(회)		50	48	56

❹ 민희가 읽은 동화책 쪽수

반대로 평균이 1쪽 더
적을 때 1주차 금요일에
읽은 쪽수를 구해 봐요.

요일	월	화	수	목	금
Ⓐ 1주차 읽은 쪽수(쪽)	44	38	42	48	
Ⓑ 2주차 읽은 쪽수(쪽)	44	38	42	48	48

자료의 수가 변하지 않을 때,
자료의 총합이 자료의 수의 2배만큼 커질 때 평균도 2만큼 더 커져요.

Ⓑ의 평균이 Ⓐ의 평균보다 2만큼 더 높을 때, 표를 완성하세요.

1 영현이의 과목별 시험 점수

과목	국어	수학	영어	과학
Ⓐ 중간고사(점)	92	88	79	93
Ⓑ 기말고사(점)	92		79	93

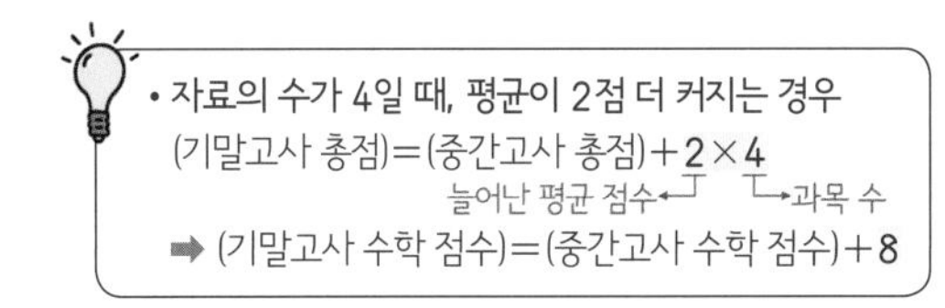

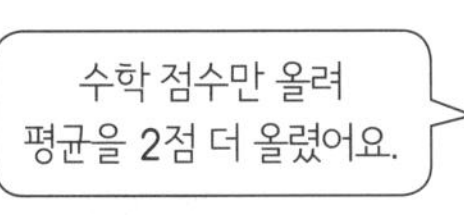

2 보라네 모둠의 팔굽혀펴기 기록

이름	보라	선주	경호	효진	남길
Ⓐ 3월 기록(회)	7	10	15	9	4
Ⓑ 4월 기록(회)	7	10	15	9	

평균을 2회 더 높이기 위해
남길이는 팔굽혀펴기를
몇 회 해야 할까요?

3 진아의 과목별 수행 평가

과목	음악	체육	미술	실과
Ⓐ 1학기 점수(점)	6	9		7
Ⓑ 2학기 점수(점)	6	9	10	7

반대로 평균이 2점 더 낮을 때
1학기 미술 점수를 구해 봐요.

4 운동 동아리별 회원 수

동아리	축구	야구	농구	테니스	볼링	수영
Ⓐ 5월 회원 수(명)	22	19	16	6	12	15
Ⓑ 6월 회원 수(명)	22	19	16		12	15

자료의 수가 변할 때,
자료의 총합이 (처음의 평균+바뀐 자료의 수)만큼 커질 때 평균도 1만큼 커져요.

B 의 평균이 A 의 평균보다 1만큼 더 높을 때, 표를 완성하세요.

❶

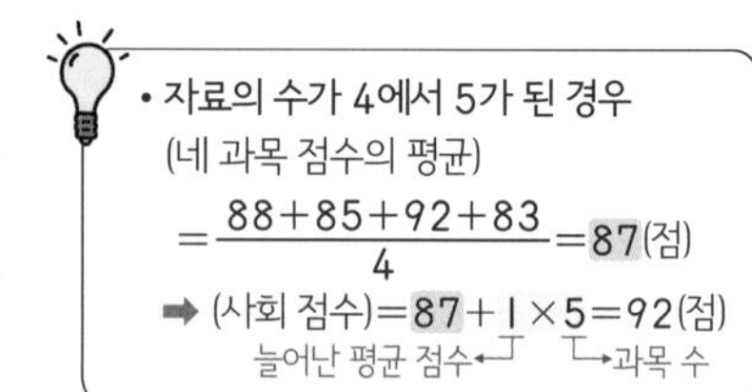

오형이의 과목별 단원 평가 점수

A

과목	국어	수학	영어	과학	평균
점수(점)	88	85	92	83	

오형이의 과목별 단원 평가 점수

B

이름	국어	수학	영어	과학	사회	평균
점수(점)	88	85	92	83		

사회 점수까지의
평균이 1점 더 높아요!

❷

혜진이가 푼 문제집 쪽수

A

요일	월	화	수	평균
쪽수(쪽)	14	16	18	

혜진이가 푼 문제집 쪽수

B

요일	월	화	수	목	평균
쪽수(쪽)	14	16	18		

목요일에 문제집을 몇 쪽 풀면
평균이 1점 더 높아질까요?

❸

보드게임 동아리 회원의 몸무게

A

이름	지선	나라	영진	시현	평균
몸무게(kg)	31	35	38	32	

보드게임 동아리 회원의 몸무게

B

이름	지선	나라	영진	시현	준규	평균
몸무게(kg)	31	35	38	32		

도전! 땅 짚고 헤엄치는 문장제

쉬운 문장제로 연산의 기본 개념을 익혀 봐요!

다음 문장을 읽고 문제를 풀어 보세요.

❶ 다음은 진호의 5월 단원 평가 점수를 나타낸 표입니다. 진호가 6월 단원 평가에서 수학 점수만 올려 평균을 2점 올리려면 수학 점수를 몇 점 받아야 할까요?

5월 단원 평가 점수

과목	국어	수학	사회	과학
점수(점)	84	78	92	94

점

❷ 현영, 재민, 영욱, 소연 네 사람의 키의 평균은 145 cm입니다. 네 사람과 상호의 키의 평균이 네 사람의 키의 평균보다 3 cm 더 클 때, 상호의 키는 몇 cm일까요?

상호의 키는 네 사람의 키의 평균보다 $3\times5=15$ (cm)만큼 더 커요.

❸ 다음은 보혜가 월별 읽은 책의 수를 나타낸 표입니다. 보혜가 5월에 책을 더 열심히 읽어서 1월부터 4월까지 읽은 책의 수의 평균보다 전체 평균을 1권 더 늘리려고 할 때, 보혜가 5월에 읽어야 하는 책은 몇 권일까요?

월별 읽은 책의 수

월	1	2	3	4	5
책의 수(권)	11	16	13	8	

• 문제를 푸는 순서
① 4월까지 읽은 책의 수의 평균 구하기
② 평균을 1권 더 늘리기 위해 4월까지의 평균보다 몇 권을 더 읽어야 하는지 구하기

평균 종합 문제

자료의 평균을 구하세요.

❶ 8 15 4

➡ 평균: ____________

❷ 15 10 8

➡ 평균: ____________

❸ 19 10 16

➡ 평균: ____________

❹ 7 10 16

➡ 평균: ____________

❺ 25 18 10 7

➡ 평균: ____________

❻ 10 7 23 32

➡ 평균: ____________

❼ 14 20 19 31

➡ 평균: ____________

❽ 6 37 16 45

➡ 평균: ____________

❾ 25 55 102 30

➡ 평균: ____________

❿ 1 200 100 3

➡ 평균: ____________

주어진 수들의 평균을 보고, □ 안에 알맞은 수를 써넣으세요.

❶ 평균: 20

12 17 □

❷ 평균: 15

12 20 □

❸ 평균: 44

45 43 47 □

❹ 평균: 36

39 45 32 □

❺ 평균: 9

8 10 7 11 □

❻ 평균: 53

63 33 72 42 □

❼ 평균: 56

61 57 55 52 □

❽ 평균: 35

37 38 43 30 □

두 자료의 평균을 비교하여 ◯ 안에 >, =, <를 알맞게 써넣으세요.

1

수호의 과목별 점수

과목	국어	수학	과학	사회
점수(점)	78	94	88	96

우재의 과목별 점수

과목	국어	수학	과학	사회
점수(점)	88	80	85	95

➡ 수호의 과목별 점수의 평균 ☐점 ◯ 우재의 과목별 점수의 평균 ☐점

2

진우네 모둠의 한글 타자 기록

이름	진우	경수	다혜	서준
기록(타)	230	186	242	262

민재네 모둠의 한글 타자 기록

이름	민재	서현	강혁	예지
기록(타)	240	256	206	210

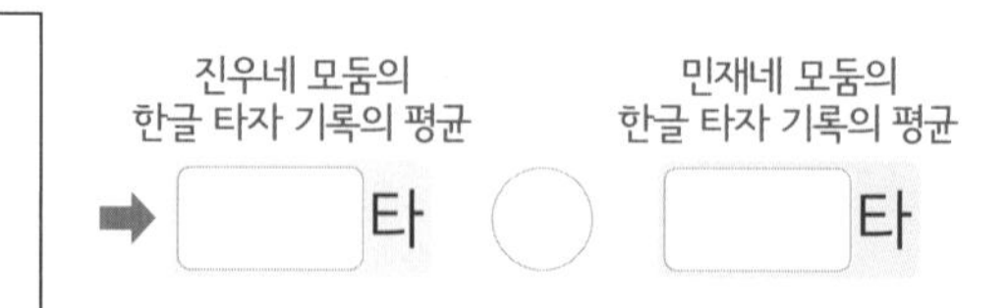

3

영재네 동아리 학생들의 나이

이름	영재	세영	준호	은재	은영
나이(살)	14	13	12	15	16

명호네 동아리 학생들의 나이

이름	명호	소미	은수	현수
나이(살)	16	13	17	14

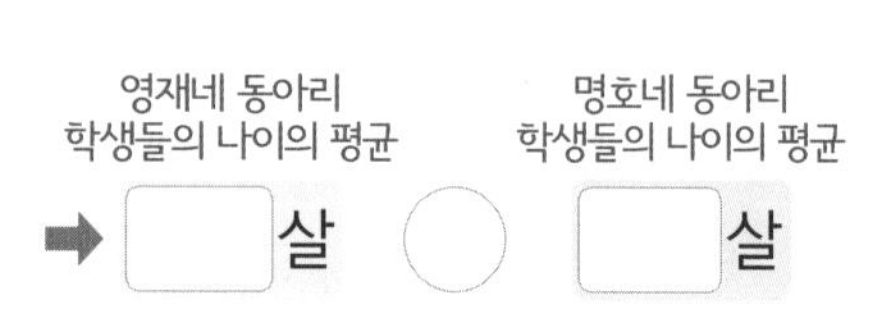

각각의 평균을 보고 전체 평균을 구하세요.

1

성별	인원(명)	평균 몸무게(kg)
남학생	12	45
여학생	8	40

➡ 전체 학생의 평균 몸무게: ______

2

조	인원(명)	평균 키(cm)
하준이네 조	10	156
주연이네 조	10	152

➡ 전체 학생의 평균 키: ______

3

이름	편의점 방문 횟수(회)	평균 사용 금액(원)
소라	6	7000
현철	8	5600

➡ 두 사람의 평균 사용 금액: ______

4

모임	인원(명)	평균 제기차기 기록(개)
축구 모임	12	18
야구 모임	15	9

➡ 두 모임 회원의 평균 제기차기 기록: ______

상황을 보고 ☐ 안에 알맞은 수를 써넣으세요.

❶

A조 학생별 100 m 달리기 기록

이름	세호	태훈	민경	주희
기록(초)	16	15	16	17

B조 학생별 100 m 달리기 기록

이름	세아	재호	경우	민주
기록(초)	16	15	16	

➡ 민주의 기록은 ☐ 초입니다.

❷

➡ 과학 시험에서 받은 점수는 ☐ 점입니다.

셋째 마당

가능성

셋째 마당에서는 어떤 일이 일어나길 기대할 수 있는 정도인 '가능성'에 대해 배워요. 가능성은 '확실하다, 불가능하다, 반반이다' 등의 말로 표현할 수도 있고 0, $\frac{1}{2}$, 1과 같은 수로 표현할 수도 있어요. 가능성을 표현하는 말과 수를 알아보고, 다양한 상황에서의 가능성을 구해 봐요.

공부할 내용!	완료	10일 진도	20일 진도
13 일이 일어날 가능성을 말로 표현할 수 있어	☐	7일차	12일차
14 일이 일어날 가능성을 수로 표현할 수 있어	☐		
15 가능성을 비교할 수 있어	☐		13일차
16 가능성을 다양한 수로 표현할 수 있어	☐	8일차	14일차
17 가능성 종합 문제	☐		15일차

일이 일어날 가능성을 말로 표현할 수 있어

☆ 가능성 可能性

가능성은 어떠한 상황에서 특정한 일이 일어나길 기대할 수 있는 정도로 '불가능하다, ~아닐 것 같다, 반반이다, ~일 것 같다, 확실하다' 등으로 표현합니다.

☆ 일이 일어날 가능성을 말로 표현하기

일	가능성
내일 아침에 해가 서쪽에서 뜰 것이다.	불가능 하다
주사위를 한 번 던지면 눈의 수가 5의 약수로 나올 것이다.	~아닐 것 같다
동전을 던지면 그림 면이 나올 것이다.	반반 이다
주사위를 한 번 던지면 눈의 수가 6의 약수로 나올 것이다.	~일 것 같다
내일 아침에 해가 동쪽에서 뜰 것이다.	확실 하다

← 절대 일어나지 않는 일

← 반드시 일어나는 일

• 주사위를 던져 눈의 수가 5의 약수로 나올 가능성

1	2	3	4	5	6

주사위에 적힌 6개의 숫자 중 5의 약수: 2개
주사위를 한 번 던져 눈의 수가 5의 약수로 나올 가능성은 '반반이다'보다 낮다고 할 수 있어요.

• 주사위를 던져 눈의 수가 6의 약수로 나올 가능성

1	2	3	4	5	6

주사위에 적힌 6개의 숫자 중 6의 약수: 4개
주사위를 한 번 던져 눈의 수가 6의 약수로 나올 가능성은 '반반이다'보다 높다고 할 수 있어요.

가능성은 어떠한 상황에서 특정한 일이 일어나길 기대할 수 있는 정도를 말해요.
주어진 일이 일어날 가능성을 생각해 봐요.

일이 일어날 가능성을 생각해 보고, 알맞게 표현한 곳에 ○표 하세요.

1 주사위를 한 번 던질 때, 눈의 수가 1이 나올 가능성

불가능하다	~아닐 것 같다	반반이다	~일 것 같다	확실하다
	○			

2 병원에서 뽑은 대기 번호표의 번호가 홀수일 가능성

불가능하다	~아닐 것 같다	반반이다	~일 것 같다	확실하다

3 주사위를 한 번 던질 때, 2의 배수 또는 3의 배수가 나올 가능성

불가능하다	~아닐 것 같다	반반이다	~일 것 같다	확실하다

주사위 눈의 수에서
2의 배수는 2, 4, 6,
3의 배수는 3, 6이에요!

4 내년에는 10월이 9월보다 빨리 올 가능성

불가능하다	~아닐 것 같다	반반이다	~일 것 같다	확실하다

5 3과 5가 적힌 2장의 카드 중 한 장을 뽑을 때, 5가 나올 가능성

불가능하다	~아닐 것 같다	반반이다	~일 것 같다	확실하다

6 4월 다음에 5월이 올 가능성

불가능하다	~아닐 것 같다	반반이다	~일 것 같다	확실하다

일이 일어날 가능성을 보기에서 찾아 말로 표현해 보세요.

보기

확실하다 ~일 것 같다 반반이다 ~아닐 것 같다 불가능하다

❶ 동전을 던지면 숫자 면이 나올 것입니다. ➡ ________

숫자 면 또는 그림 면이 나오겠지?

❷ 계산기로 '1+2='을 누르면 3이 나올 것입니다. ➡ ________

❸ 주사위를 한 번 던지면 눈의 수가 5보다 작은 수로 나올 것입니다. ➡ ________

❹ 오늘이 금요일이면 내일은 토요일일 것입니다. ➡ ________

❺ 사자가 하늘을 날 수 있을 것입니다. ➡ ________

숫자 면이 3번 연속 나오는 것이 불가능한 일은 아니지만~.

❻ 동전을 세 번 던지면 세 번 모두 숫자 면이 나올 것입니다. ➡ ________

전체 구슬 중 빨간색 구슬은 어느 정도인지
'불가능하다, ~아닐 것 같다, 반반이다, ~일 것 같다, 확실하다' 등으로 표현해 봐요.

주머니에서 구슬 한 개를 꺼낼 때, 꺼낸 구슬이 빨간색일 가능성을 말로 표현해 보세요.

1

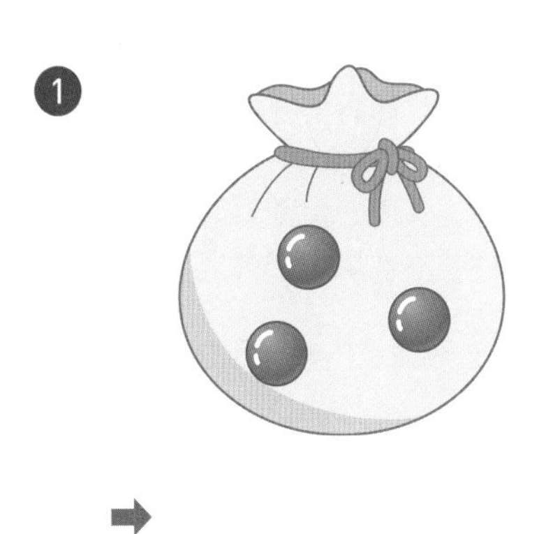

➡ ______________________

2

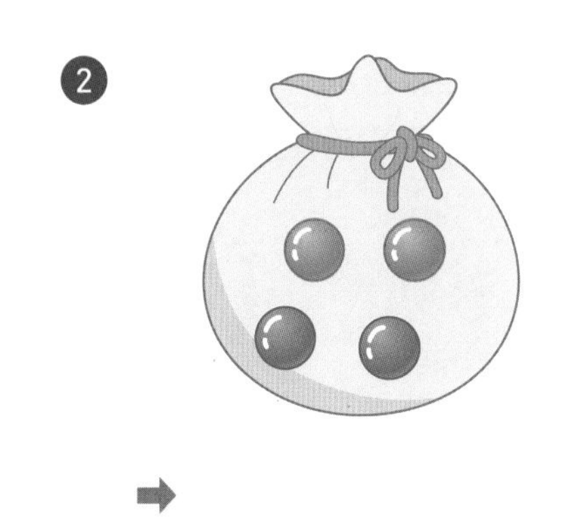

➡ ______________________

3

➡ ______________________

4

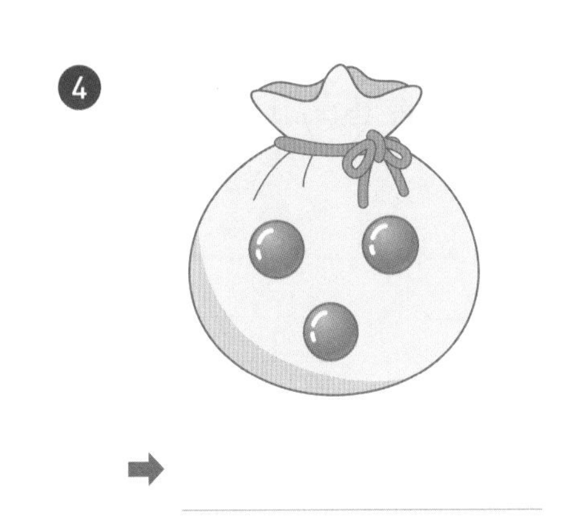

➡ ______________________

5

➡ ______________________

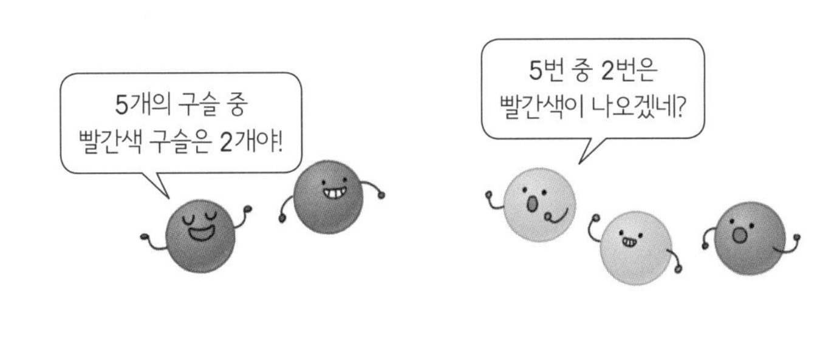

도전! 땅 짚고 헤엄치는 문장제

쉬운 문장제로 연산의 기본 개념을 익혀 봐요!

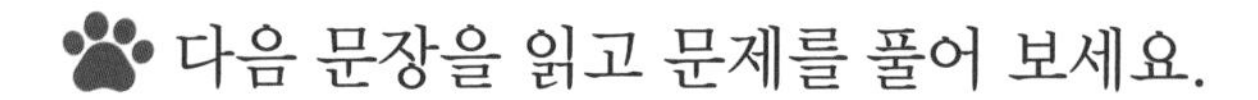

다음 문장을 읽고 문제를 풀어 보세요.

❶ 100원짜리 동전을 던졌을 때, 그림 면이 나올 가능성과 숫자 면이 나올 가능성을 각각 말로 표현하세요.

> 가능성을 '불가능하다, ~아닐 것 같다, 반반이다, ~일 것 같다, 확실하다'로 표현해 보세요.

그림 면

숫자 면

__________, __________

❷ 초록 공 3개만 들어 있는 주머니에서 공 1개를 꺼낼 때, 꺼낸 공이 주황색일 가능성을 말로 표현하세요.

____

❸ 4장의 카드 [1], [2], [4], [6]을 상자에 넣어 한 장을 뽑을 때, 뽑은 카드의 수가 짝수일 가능성을 말로 표현하세요.

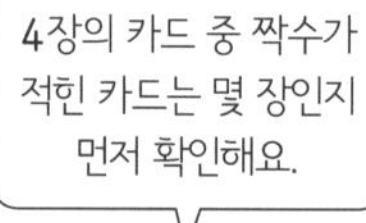

____

❹ 상자 안에 들어 있는 4개의 제비 중에서 당첨 제비는 2개입니다. 제비 1개를 뽑을 때, 뽑은 제비가 당첨 제비가 아닐 가능성을 말로 표현하세요.

____

일이 일어날 가능성을 수로 표현할 수 있어

수로 표현하는 가능성

일이 일어날 가능성을 0, $\frac{1}{2}$, 1의 수로 표현할 수 있습니다.

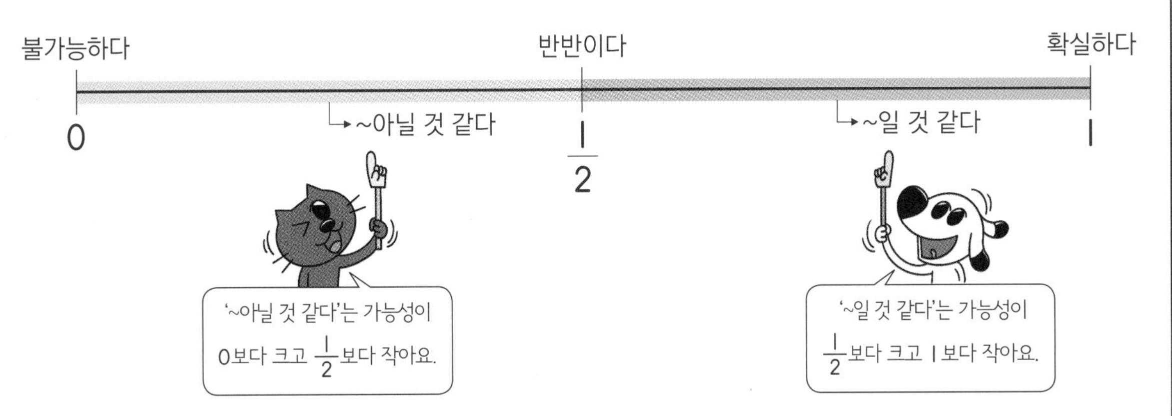

➡ 모든 가능성은 0과 1 사이에 있습니다. 확실하게 일어날 일의 가능성은 1, 불가능한 일이 일어날 가능성은 0으로 표현할 수 있습니다.

회전판으로 알아보는 가능성

회전판	일	가능성
	화살이 파란색에 멈출 것이다.	확실하다 ➡ 1
	화살이 빨간색에 멈출 것이다.	불가능하다 ➡ 0
	화살이 파란색에 멈출 것이다.	반반이다 ➡ $\frac{1}{2}$
	화살이 빨간색에 멈출 것이다.	반반이다 ➡ $\frac{1}{2}$
	화살이 파란색에 멈출 것이다.	불가능하다 ➡ 0
	화살이 빨간색에 멈출 것이다.	확실하다 ➡ 1

두 번째 회전판은 파란색과 빨간색이 반씩 칠해져 있으므로 화살은 파란색 또는 빨간색에서 멈추게 돼요.

일이 일어날 가능성을 '0, $\frac{1}{2}$, 1'의 수로 표현할 수 있어요.
확실하게 일어날 일의 가능성은 1, 불가능한 일이 일어날 가능성은 0이에요.

일이 일어날 가능성을 수로 표현해 보세요.

❶ 동전을 던지면 숫자 면이 나올 것입니다. ➡ $\frac{1}{2}$

일이 일어날 가능성이 반반이면 $\frac{1}{2}$로 표현해요.

❷ 계산기로 '1 + 1 =' 을 누르면 2가 나올 것입니다. ➡ ______

❸ 주사위를 한 번 던지면 눈의 수가 짝수로 나올 것입니다. ➡ ______

❹ 곰이 마늘을 먹으면 사람이 될 것입니다. ➡ ______

❺ 오늘이 수요일이면 내일은 목요일일 것입니다. ➡ ______

❻ ○, × 문제의 정답이 ×일 것입니다. ➡ ______

회전판에서 파란색 칸이 차지하는 정도가 전체의 어느 정도인지 알아 봐요.

화살이 파란색에 멈출 가능성을 수로 표현해 보세요.

❶

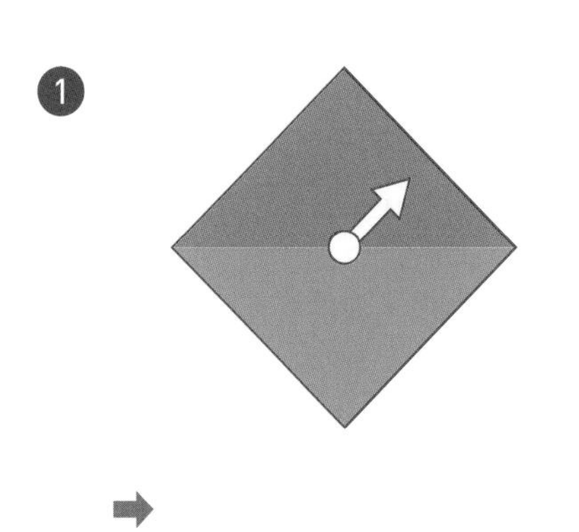

➡ ______________

❷

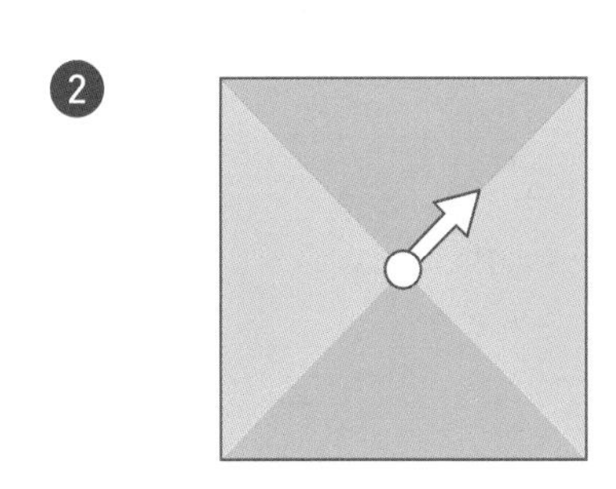

➡ ______________

❸

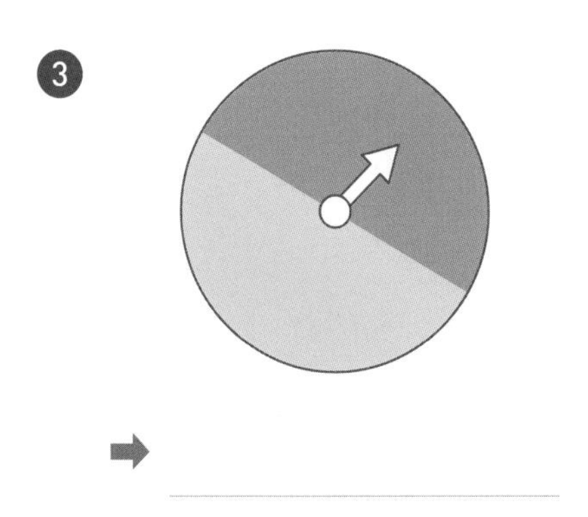

➡ ______________

❹

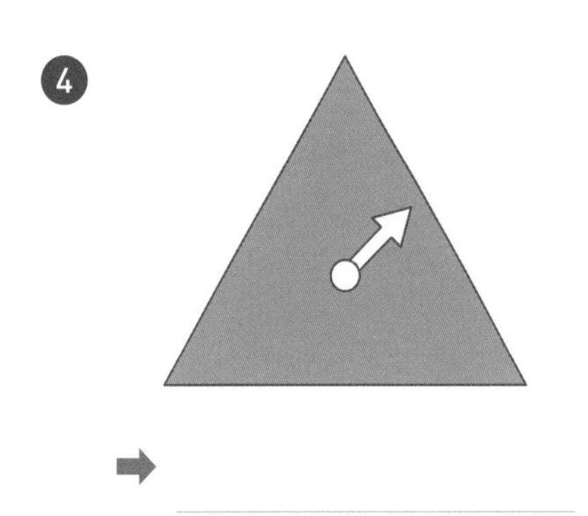

➡ ______________

❺

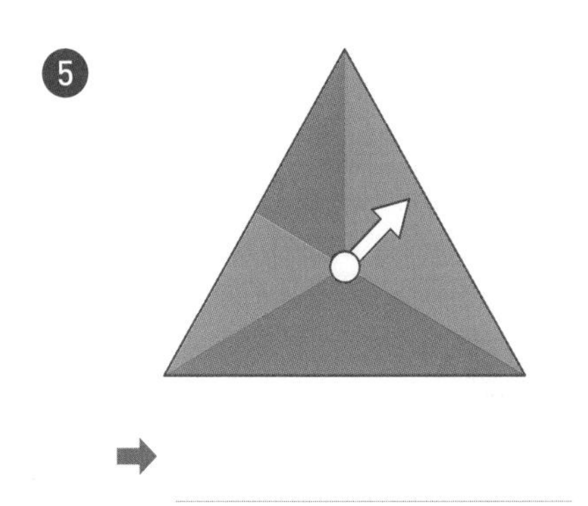

➡ ______________

❻

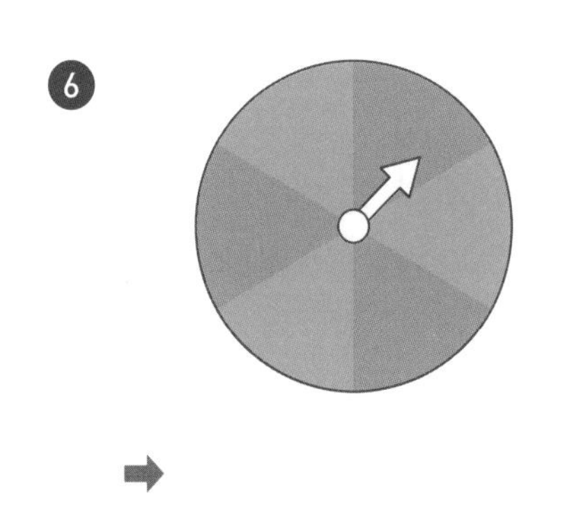

➡ ______________

상자에 담긴 모든 공의 개수와 파란색 공의 개수를 알면
꺼낸 공이 파란색일 가능성을 알 수 있어요.

상자에서 공 한 개를 꺼낼 때, 꺼낸 공이 파란색일 가능성을 수로 표현해 보세요.

1

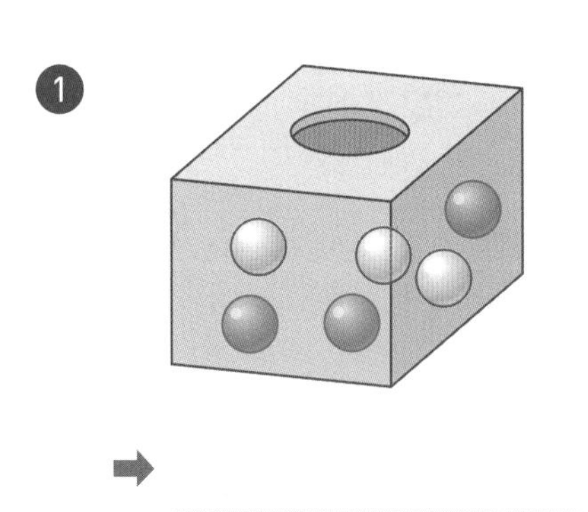

➡

2

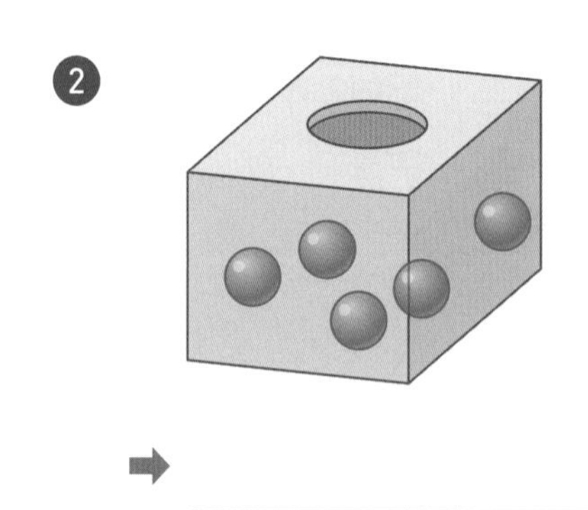

➡

3

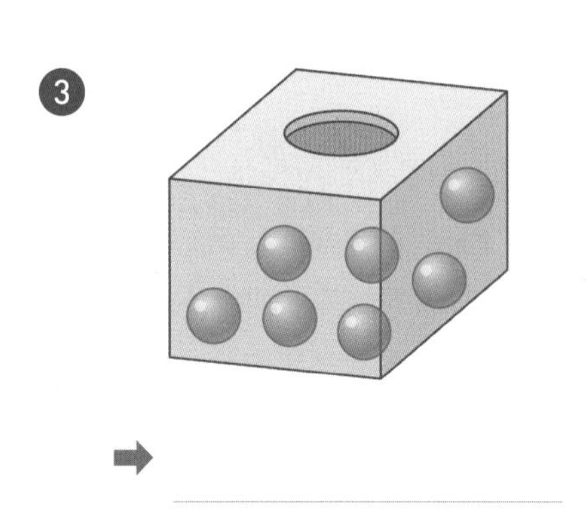

➡

4

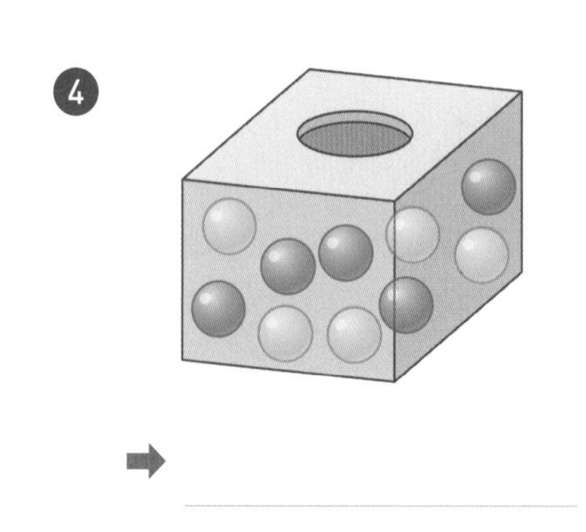

➡

5

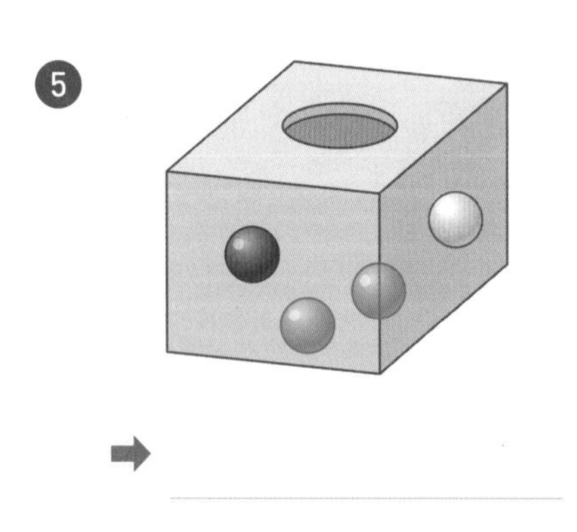

➡

도전! 땅 짚고 헤엄치는 문장제

쉬운 문장제로 연산의 기본 개념을 익혀 봐요!

다음 문장을 읽고 문제를 풀어 보세요.

• 일이 일어난 가능성

말		수
확실하다	→	1
반반이다	→	$\frac{1}{2}$
불가능하다	→	0

1. 상자 안에 1번부터 8번까지 적힌 번호표가 있습니다. 상자 안에서 번호표 한 개를 꺼낼 때, 10번 번호표를 꺼낼 가능성을 수로 표현하면 얼마일까요?

2. 지갑 속에 천 원짜리 지폐 2장과 오천 원짜리 지폐 2장이 있습니다. 지갑에서 지폐 한 장을 꺼낼 때, 꺼낸 지폐가 천 원일 가능성을 수로 표현하면 얼마일까요?

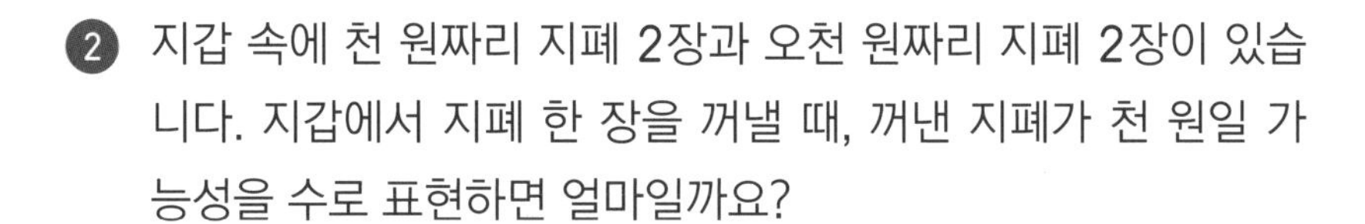

3. 카드 한 장을 뽑을 때, 노란 카드를 뽑을 가능성을 수로 표현하면 얼마일까요?

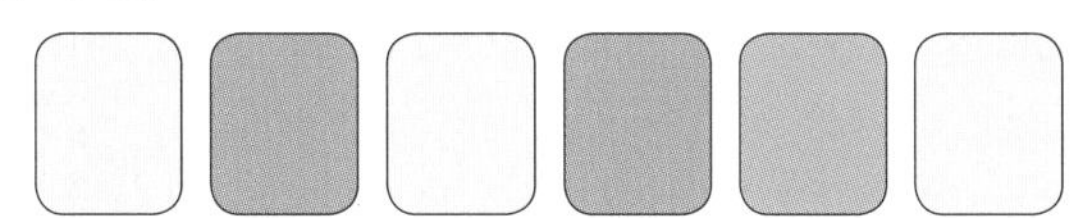

4. 초록 구슬 3개, 노란 구슬 3개가 들어 있는 상자에서 구슬 한 개를 꺼낼 때, 꺼낸 구슬이 노란색이 아닐 가능성을 수로 표현하면 얼마일까요?

가능성을 비교할 수 있어

✪ 화살이 빨간색에 멈출 가능성 비교하기

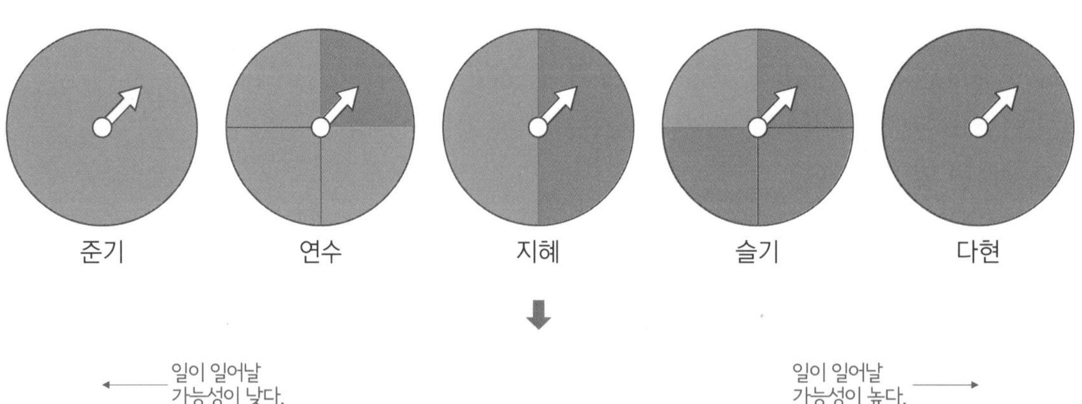

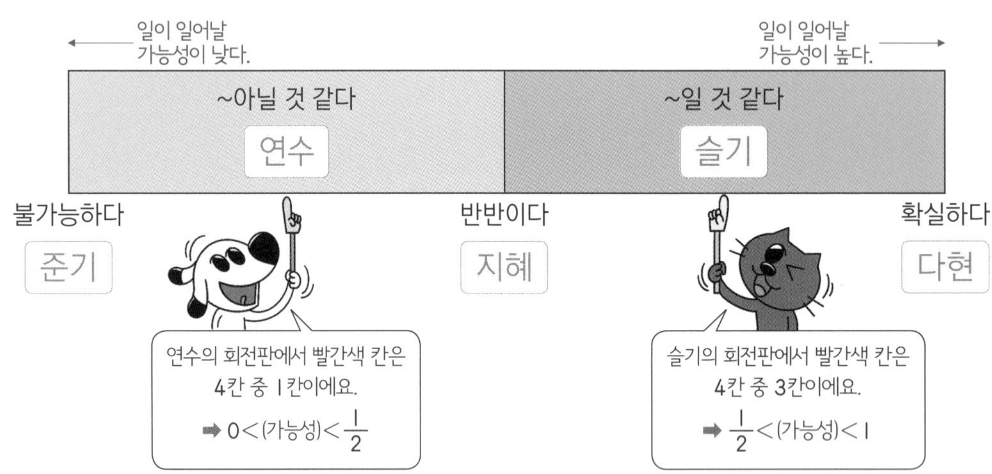

➡ 화살이 빨간색에 멈출 가능성이 가장 높은 회전판을 가지고 있는 학생: 다현

➡ 화살이 빨간색에 멈출 가능성이 가장 낮은 회전판을 가지고 있는 학생: 준기

가능성이 높은 순서는 다음과 같아요.

확실하다 > ~일 것 같다 > 반반이다 > ~아닐 것 같다 > 불가능하다

일이 일어날 가능성이 더 높은 곳에 ○표 하세요.

1
내년에는 2월보다 3월이 더 빨리 올 거야.	이웃집에 강아지가 있을 거야.
( )	( )

2월보다 3월이 먼저 올 수 있을까?

이웃집에 강아지가 있을 수도 있지 않을까?

2
오늘은 화요일이니까 내일은 수요일일 거야.	동전을 던지면 숫자 면이 나올 거야.
( )	( )

3
콜라와 사이다 중에서 사이다를 마실 거야.	올해 12살이니까 내년엔 13살이 될 거야.
( )	( )

4
내년 12월 달력에는 날짜가 33일까지 있을 거야.	주사위를 한 번 던지면 눈의 수가 짝수일 거야.
( )	( )

더 넓은 부분에 칠해진 색일수록 화살이 멈출 가능성이 높아요.

화살이 노란색에 멈출 가능성이 높은 것부터 순서대로 기호를 쓰세요.

1.

➡ ______________________

2.

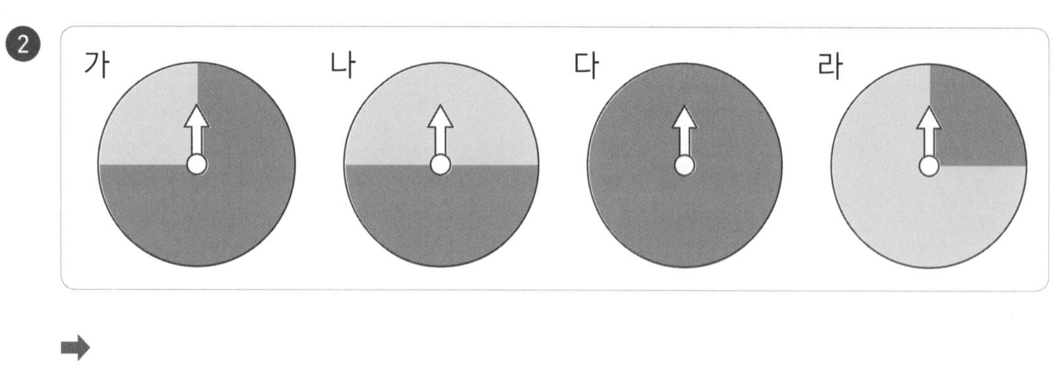

➡ ______________________

3.

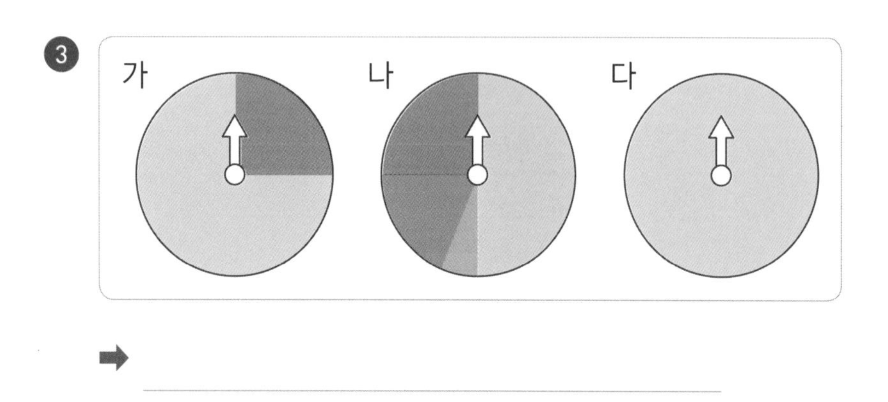

➡ ______________________

회전판에서 각각의 색이 칠해진 부분의 넓이를 비교하면
화살이 멈출 가능성을 비교할 수 있어요.

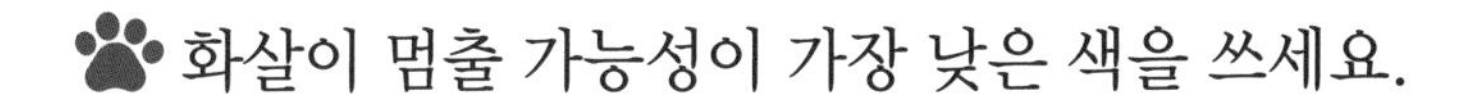

가장 좁은 부분에 칠해진 색에
화살이 멈출 가능성이 가장 낮아요.

❶

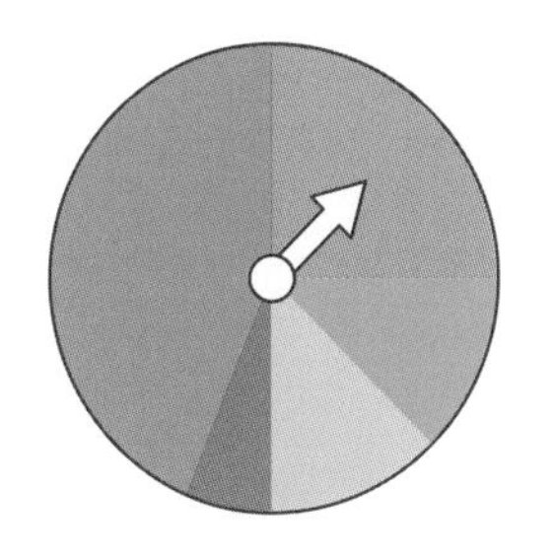

➡ 빨간색

❷

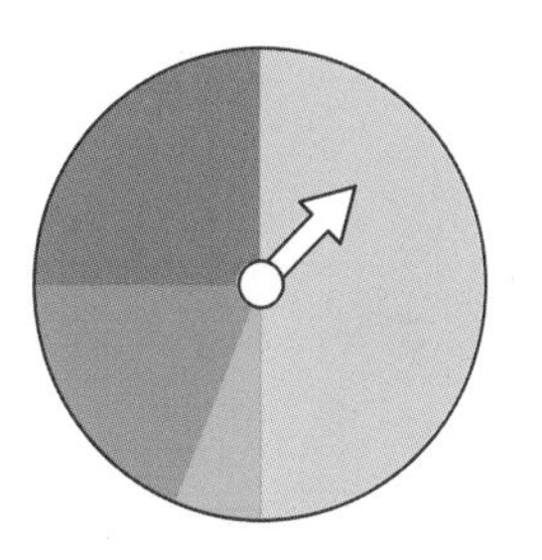

➡

❸

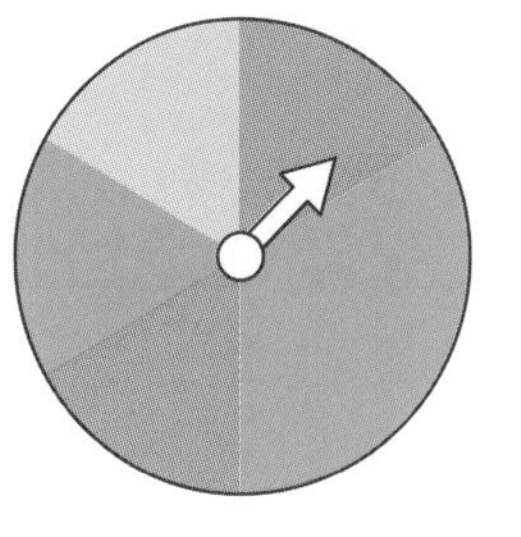

➡

❹

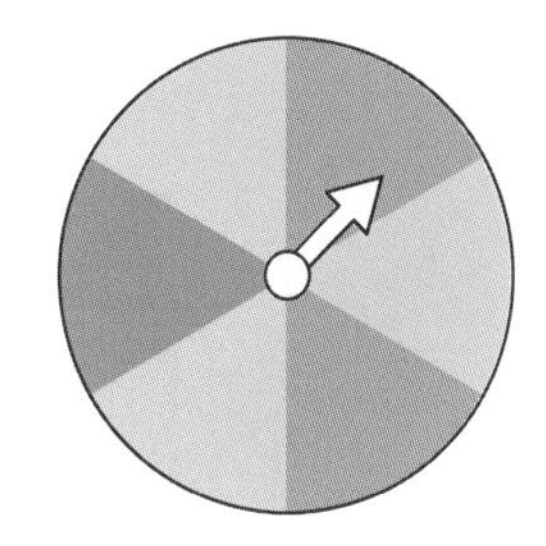

➡

❺

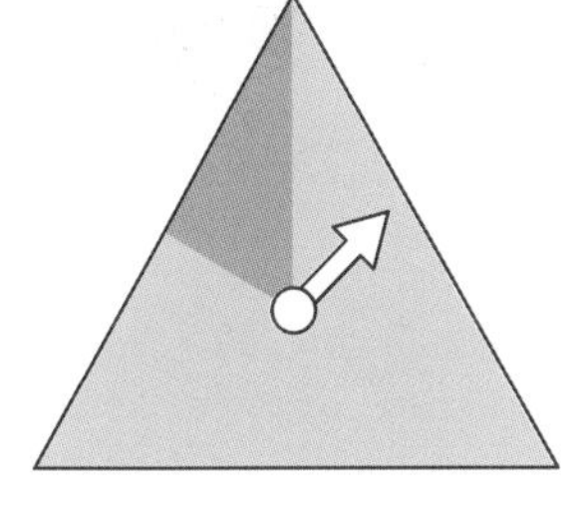

➡

❻

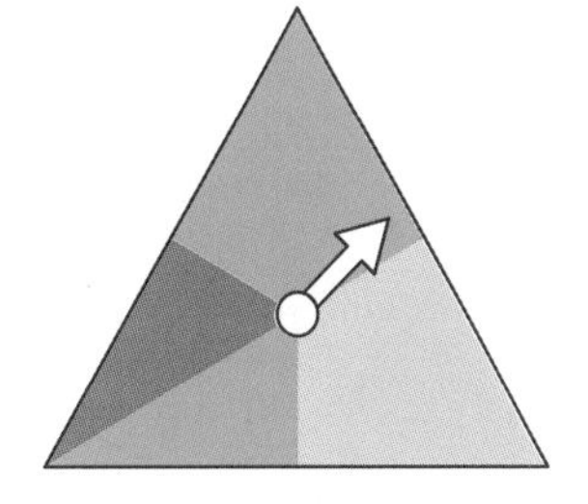

➡

다음 문장을 읽고 문제를 풀어 보세요.

1 일이 일어날 가능성이 더 높은 학생의 이름을 쓰세요.

2 파란색과 노란색이 칠해진 회전판에서 화살이 노란색에 멈출 가능성이 파란색에 멈출 가능성보다 높을 때, 회전판의 가는 무슨 색일까요?

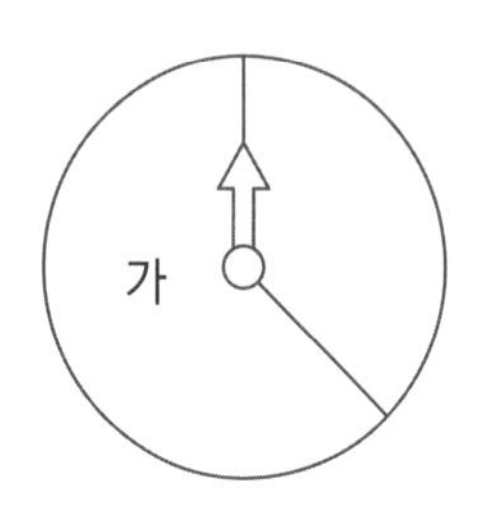

칠해진 면적이 넓을수록 화살이 멈출 가능성이 높아요.

3 회전판에서 화살이 빨간색에 멈출 가능성이 가장 높고, 파란색에 멈출 가능성은 노란색에 멈출 가능성의 3배입니다. 가, 나, 다에 칠해진 색을 순서대로 쓰세요.

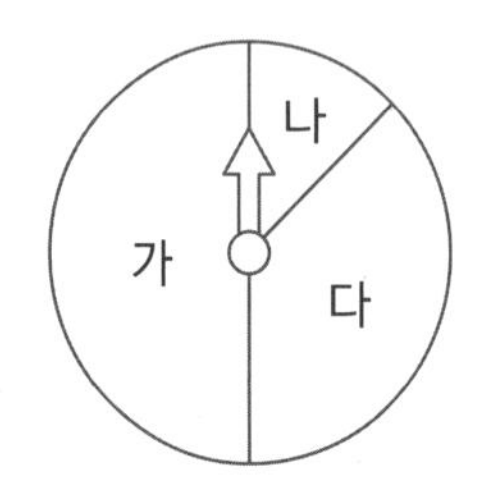

가능성이 가장 높은 색이 칠해진 칸이 가장 넓어요.

16 가능성을 다양한 수로 표현할 수 있어

✪ 다양한 수로 표현하는 가능성

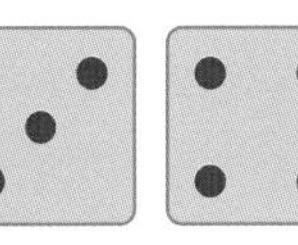

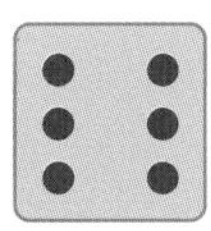

① 주사위를 한 번 던져 눈의 수가 1이 나올 가능성

$$\frac{1}{(\text{나올 수 있는 모든 눈의 수})}=\frac{1}{6}$$

② 주사위를 한 번 던져 눈의 수가 3보다 작은 수로 나올 가능성

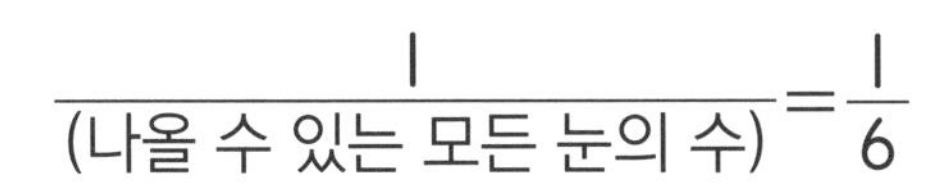

$$\frac{(\text{3보다 작은 눈의 수})}{(\text{나올 수 있는 모든 눈의 수})}=\frac{\overset{1}{\cancel{2}}}{\underset{3}{\cancel{6}}}=\frac{1}{3}$$

③ 주사위를 한 번 던져 눈의 수가 6의 약수인 수로 나올 가능성

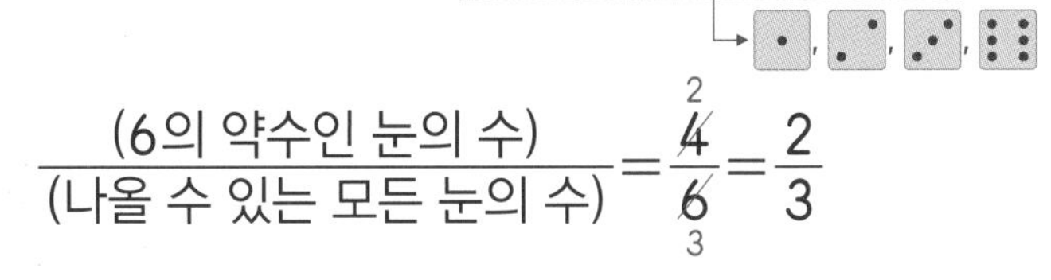

$$\frac{(\text{6의 약수인 눈의 수})}{(\text{나올 수 있는 모든 눈의 수})}=\frac{\overset{2}{\cancel{4}}}{\underset{3}{\cancel{6}}}=\frac{2}{3}$$

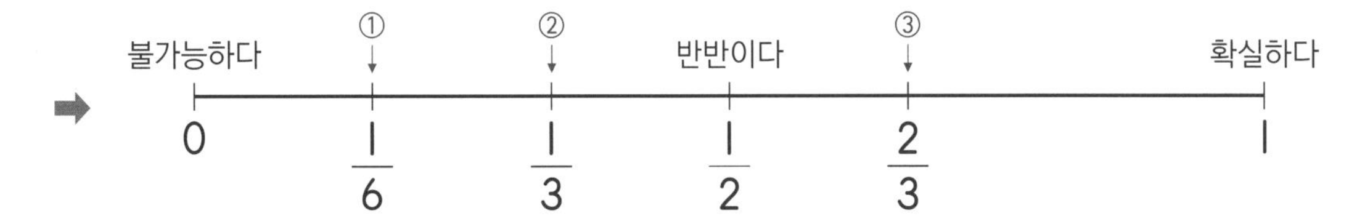

회전판이 전체 몇 칸으로 나누어져 있는지, 그중 노란색이 몇 칸인지 확인해요.

화살이 노란색에 멈출 가능성을 수로 표현해 보세요.

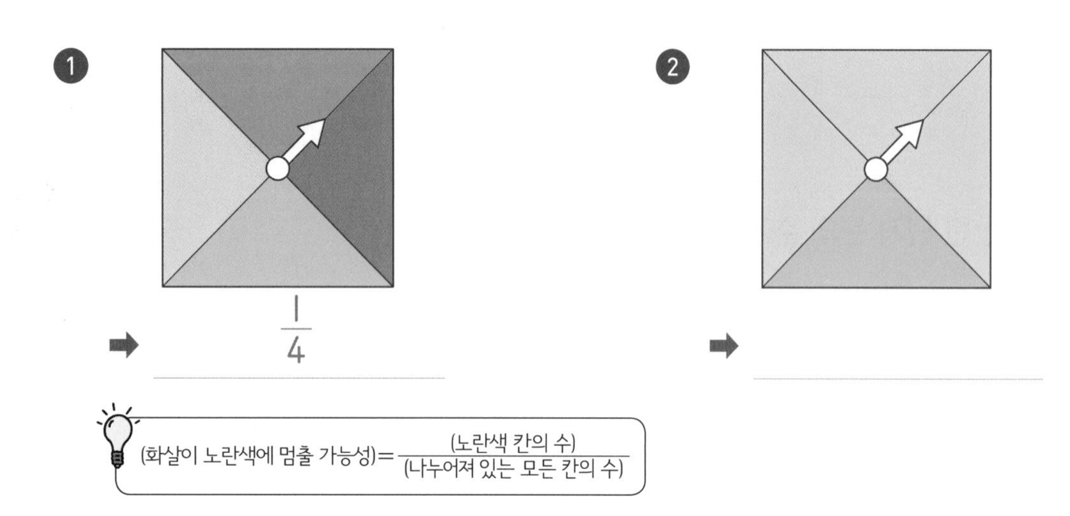

❶ ➡ $\frac{1}{4}$

❷ ➡

(화살이 노란색에 멈출 가능성)$=\frac{(\text{노란색 칸의 수})}{(\text{나누어져 있는 모든 칸의 수})}$

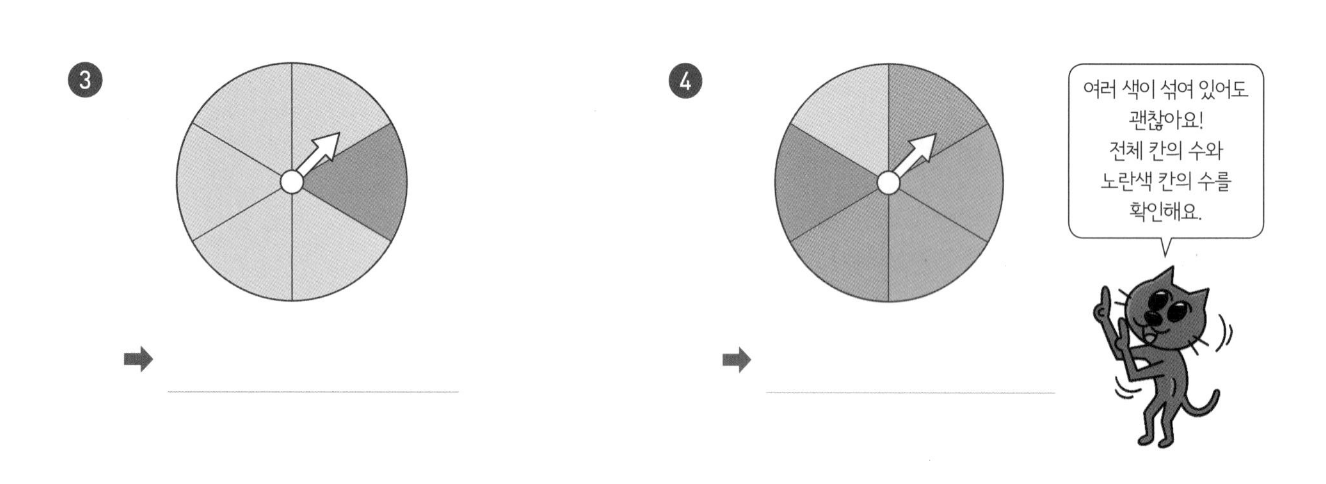

❸ ➡

❹ ➡

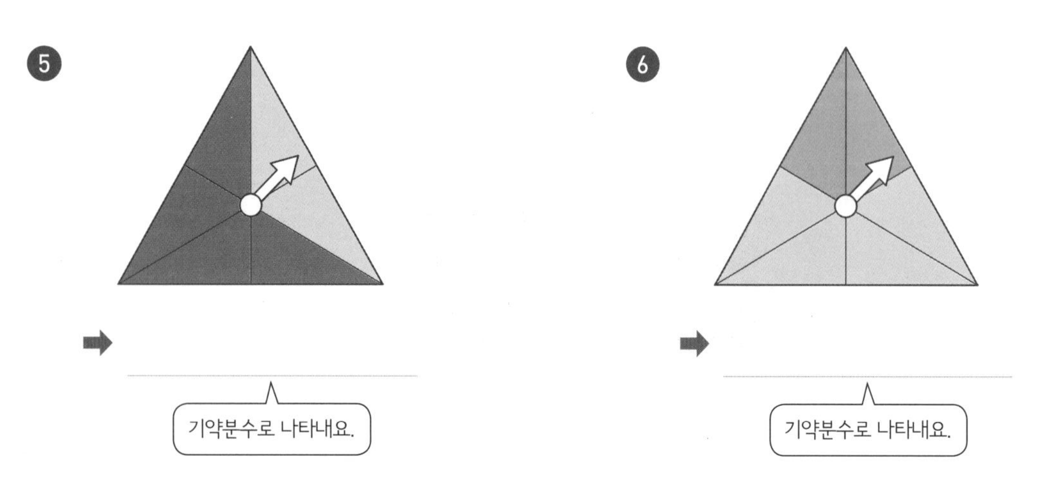

❺ ➡

기약분수로 나타내요.

❻ ➡

기약분수로 나타내요.

주사위를 한 번 던져 나올 수 있는 눈의 수는 1부터 6까지 총 6가지예요.

주사위를 한 번 던질 때 일이 일어날 가능성을 수로 표현해 보세요.

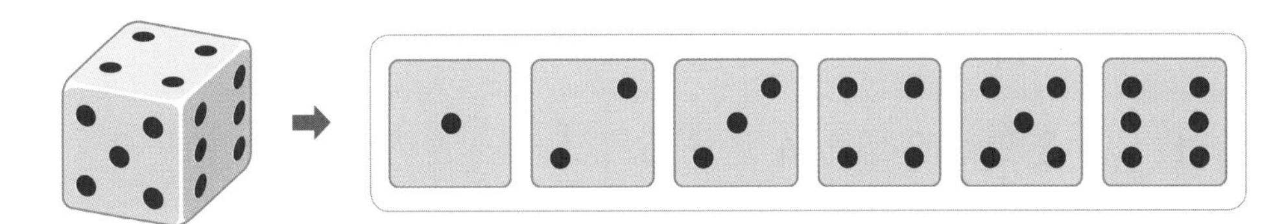

❶ 눈의 수가 3이 나올 가능성

➡ ______

❷ 눈의 수가 2의 배수로 나올 가능성

➡ ______

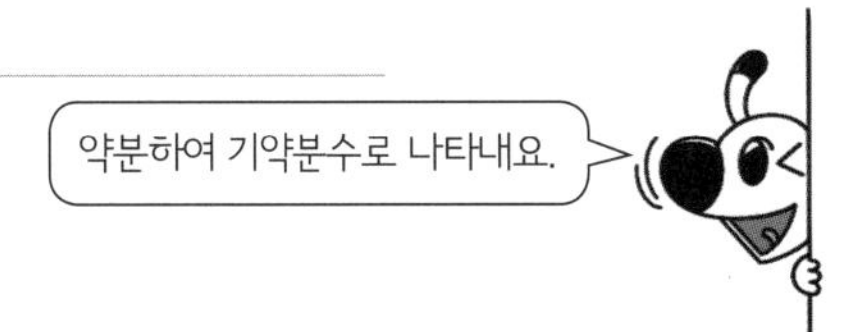

❸ 눈의 수가 4의 약수로 나올 가능성

➡ ______

❹ 눈의 수가 6의 약수로 나올 가능성

➡ ______

❺ 눈의 수가 2 이상 4 이하로 나올 가능성

➡ ______

- ● 이상, ● 이하는 ●를 포함해요.
- ● 초과, ● 미만은 ●를 포함하지 않아요.

❻ 눈의 수가 4보다 큰 수로 나올 가능성

➡ ______

❼ 눈의 수가 3 이상 6 미만으로 나올 가능성

➡ ______

❽ 눈의 수가 1의 배수로 나올 가능성

➡ ______

10장의 카드 중 한 장을 뽑을 때 일이 일어날 수 있는 모든 경우의 수는 10가지예요.

1부터 10까지의 수가 적힌 10장의 카드 중 한 장을 뽑을 때 일이 일어날 가능성을 수로 표현해 보세요.

1	2	3	4	5	6	7	8	9	10

❶ 3의 배수를 뽑을 가능성

➡ $\frac{3}{10}$

❷ 10의 약수를 뽑을 가능성

➡

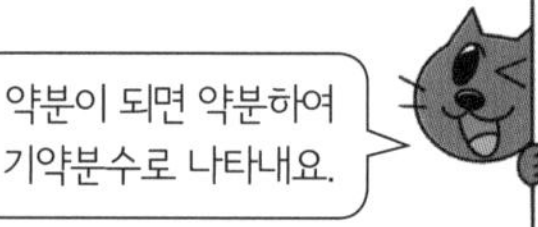

❸ 7의 약수를 뽑을 가능성

➡

❹ 8의 약수를 뽑을 가능성

➡

❺ 2 이상 7 미만인 수를 뽑을 가능성

➡

❻ 4 초과 10 이하인 수를 뽑을 가능성

➡

❼ 6의 약수 중 짝수를 뽑을 가능성

➡

노란색 구슬의 개수만 확인해서 가능성을 판단하면 안 돼요.
전체 구슬의 개수와 노란색 구슬의 개수를 세어 확인해 봐요.

주머니에서 구슬 한 개를 꺼낼 때, 꺼낸 구슬이 노란색일 가능성이 높은 것부터 순서대로 기호를 쓰세요.

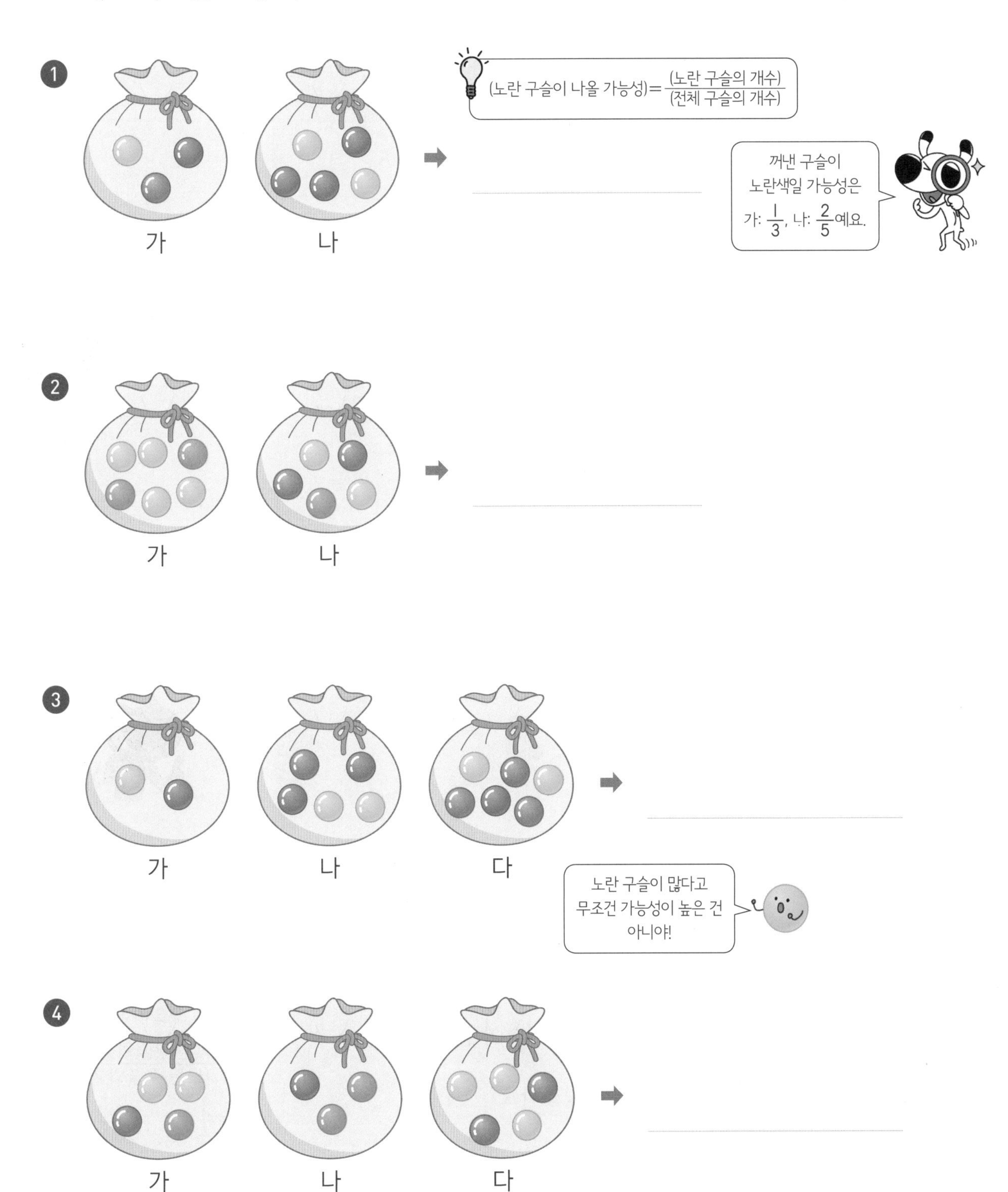

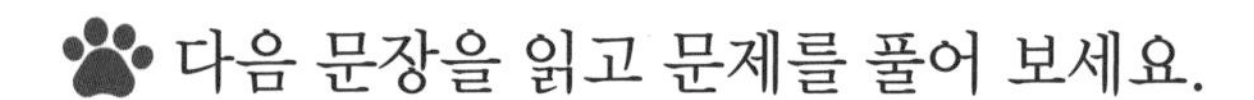

다음 문장을 읽고 문제를 풀어 보세요.

❶ 주사위를 한 번 던질 때, 눈의 수가 3의 약수로 나올 가능성을 수로 표현하면 얼마일까요?

______

❷ 흰 돌과 검은 돌이 하나씩 들어 있는 통에서 돌 하나를 꺼낼 때, 꺼낸 돌이 흰색일 가능성과 검은색일 가능성의 합은 얼마일까요?

______

모든 가능성의 합은 1이에요.

❸ 카드 6장 중 한 장을 뽑을 때, 세모가 그려진 카드를 뽑을 가능성은 $\frac{1}{2}$입니다. 빈 카드에 들어갈 모양은 무엇일까요?

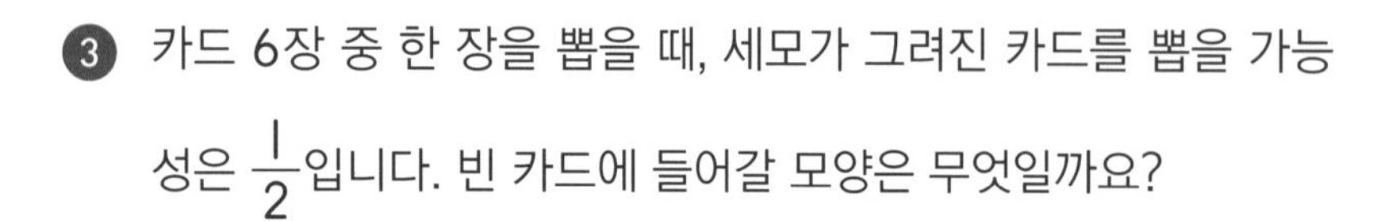

  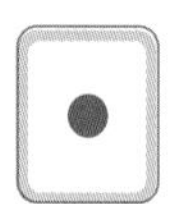   

______

세모가 그려진 카드를 뽑을 가능성이 $\frac{1}{2}$이라는 건, 세모가 그려진 카드의 수가 전체의 반이라는 얘기예요.

❹ 주머니 속에 흰 구슬 3개, 파란 구슬 4개, 검은 구슬 여러 개가 들어 있습니다. 구슬 한 개를 꺼낼 때 꺼낸 구슬이 흰색일 가능성이 $\frac{1}{4}$이라면 검은 구슬은 몇 개 들어 있을까요?

______

(꺼낸 구슬이 흰색일 가능성)

$=\frac{(\text{흰 구슬의 개수})}{(\text{모든 구슬의 개수})}$

$=\frac{1}{4}$

$=\frac{3}{7+(\text{검은 구슬의 개수})}$

17 가능성 종합 문제

주머니에서 구슬 한 개를 꺼낼 때, 꺼낸 구슬이 빨간색일 가능성을 보기 에서 찾아 말로 표현해 보세요.

보기

확실하다 ~일 것 같다 반반이다 ~아닐 것 같다 불가능하다

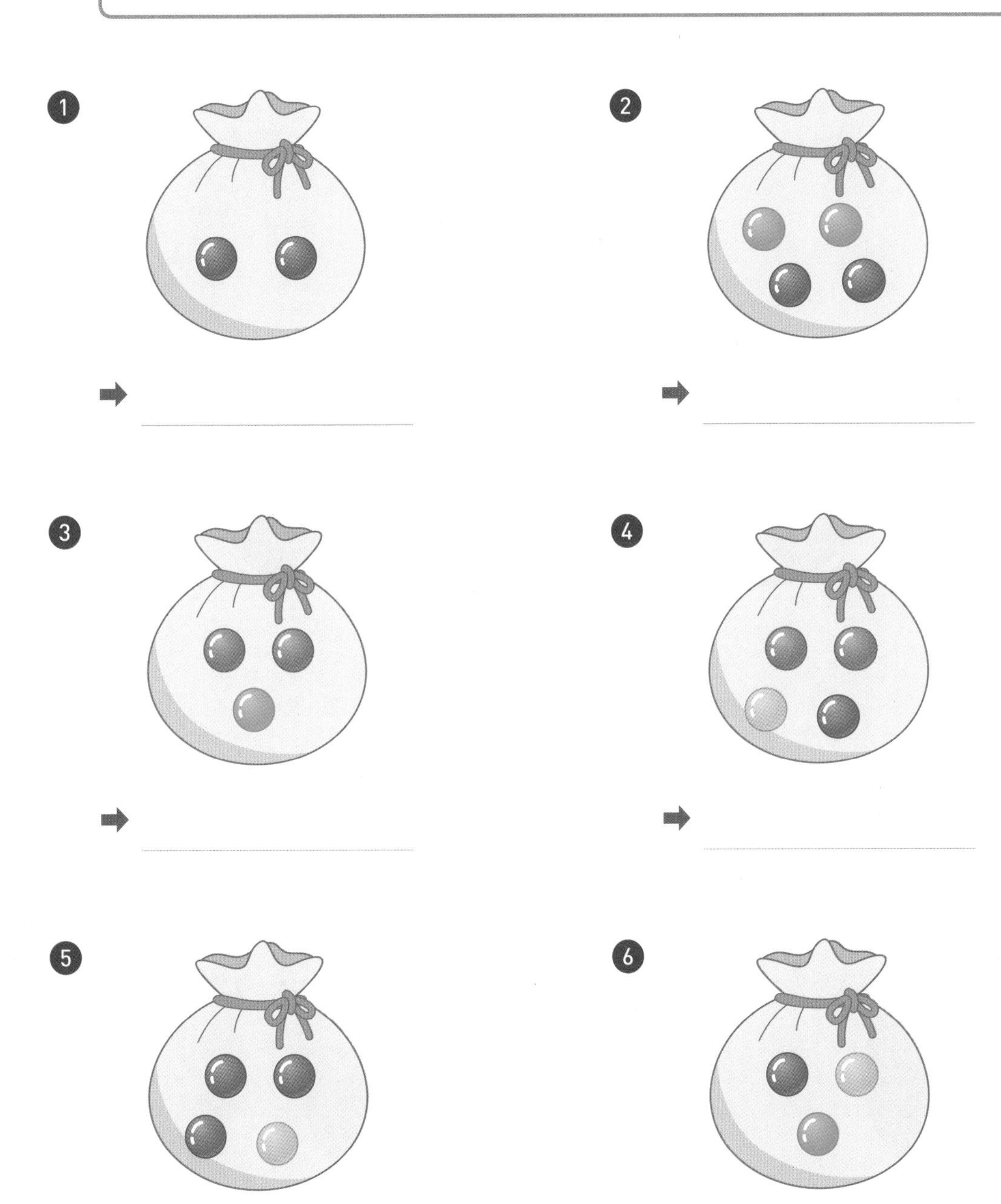

화살이 노란색에 멈출 가능성이 높은 것부터 순서대로 기호를 쓰세요.

1

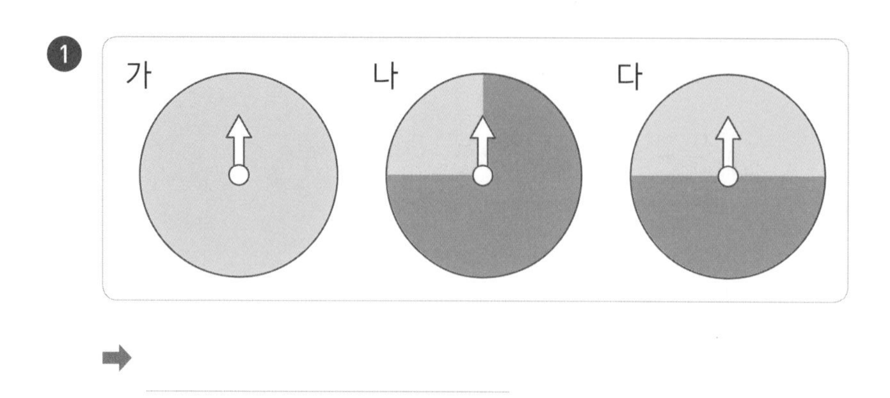

➡ ____________

2

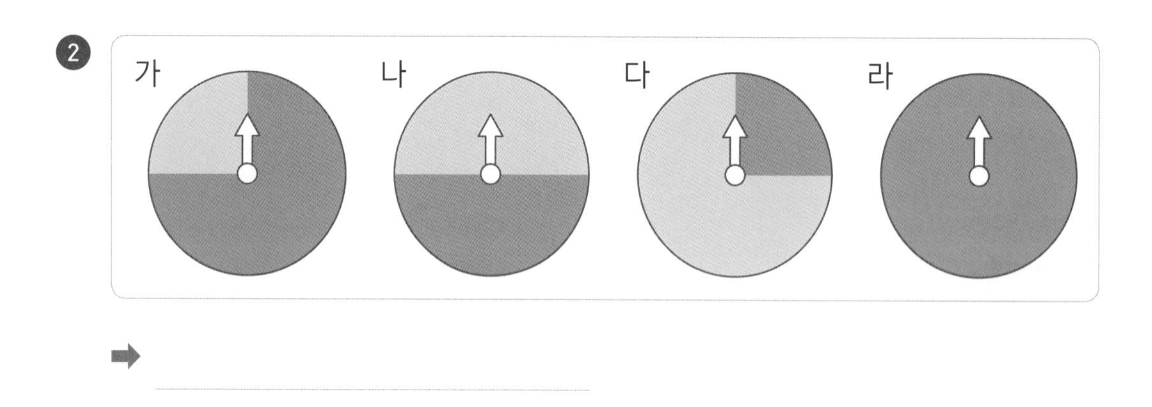

➡ ____________

화살이 멈출 가능성이 가장 낮은 색을 쓰세요.

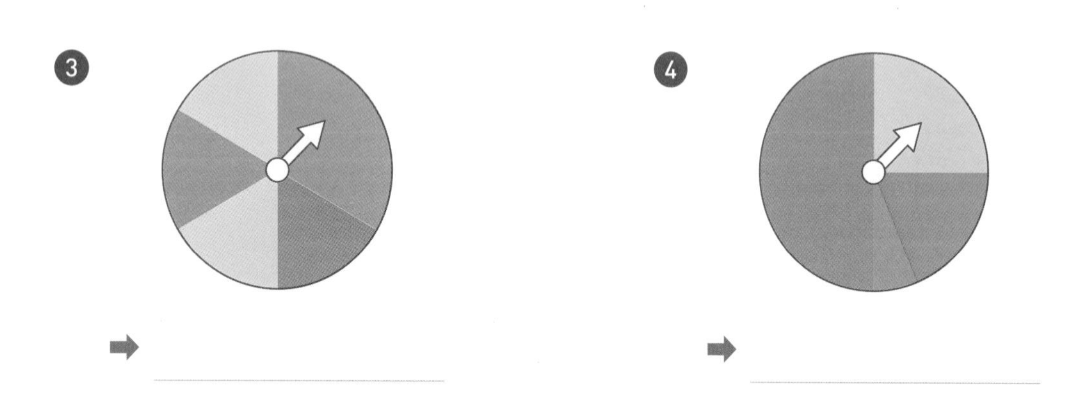

3 ➡ ____________

4 ➡ ____________

🐾 화살이 파란색에 멈출 가능성을 수로 표현해 보세요.

❶

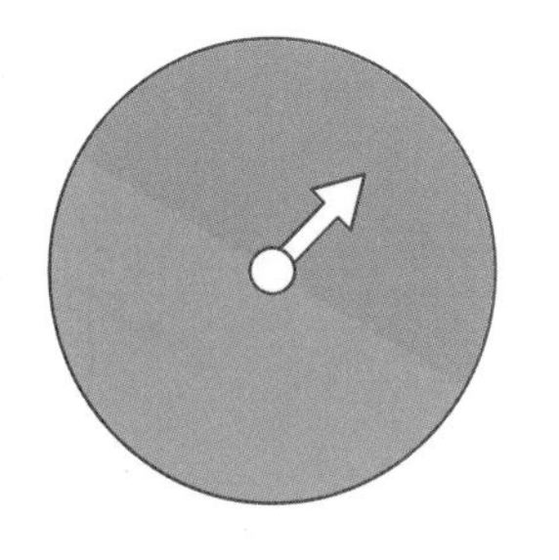

➡ ______________

❷

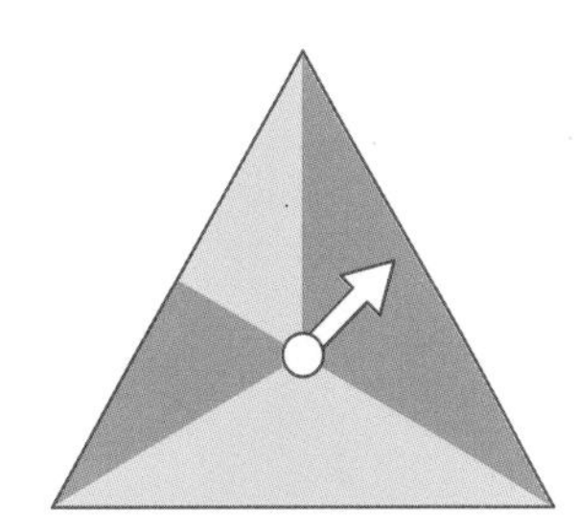

➡ ______________

❸

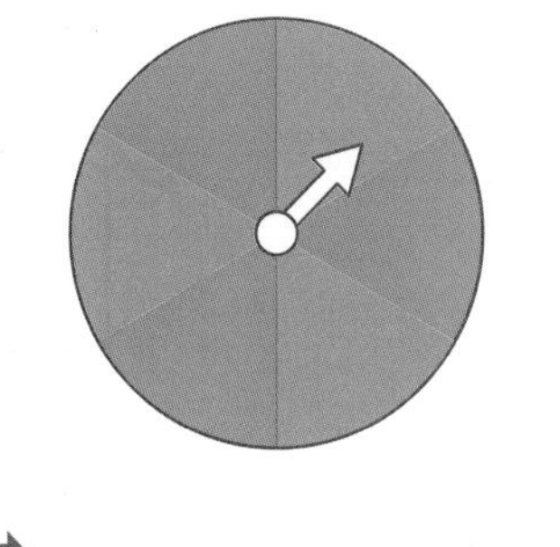

➡ ______________

❹

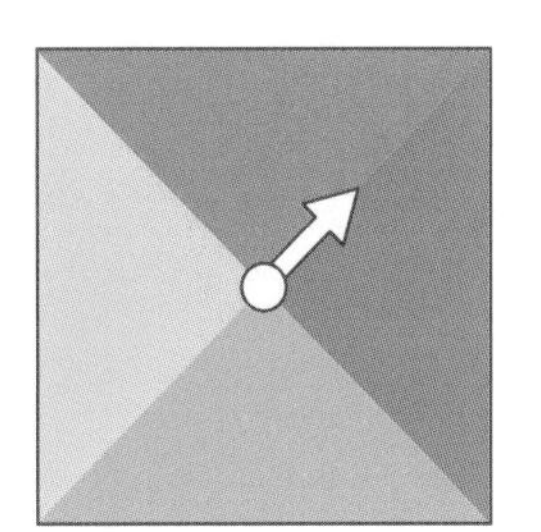

➡ ______________

❺

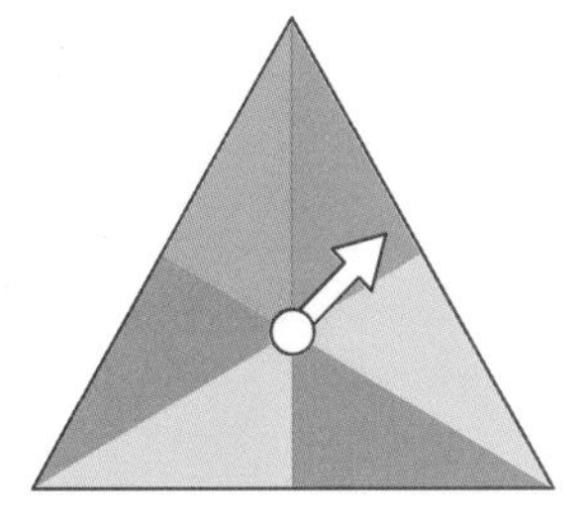

➡ ______________

❻

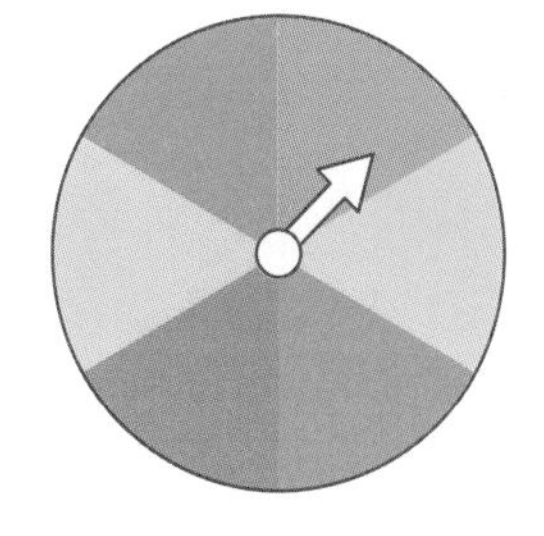

➡ ______________

🐾 가능성을 수와 말로 표현한 것입니다. 같은 것끼리 선을 이어 보세요.

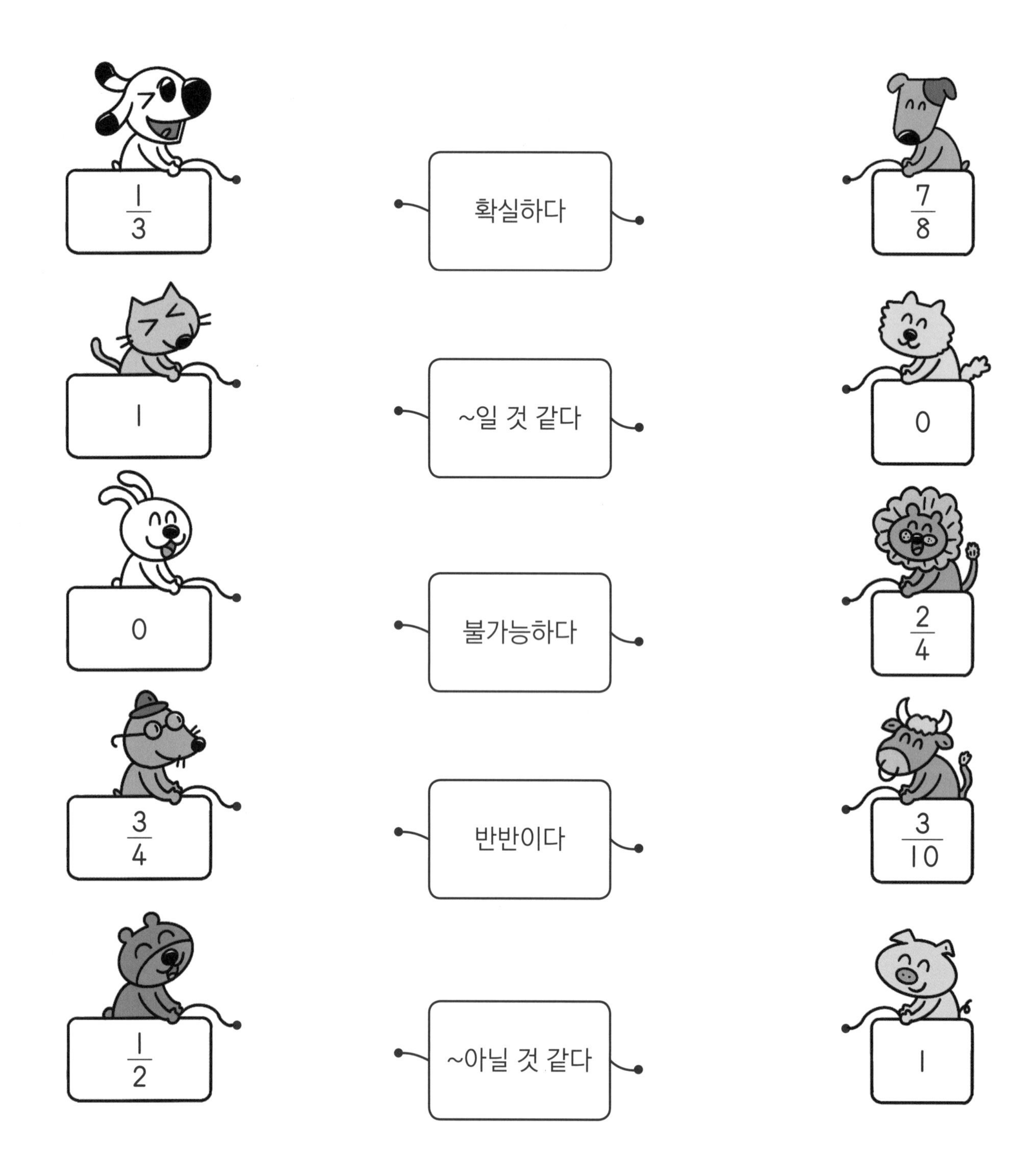

넷째 마당

경우의 수와 확률의 기초

넷째 마당에서는 가능성에서 배운 내용을 '경우의 수'와 '확률'이라는 중학 수학 용어로 배워요. 경우의 수는 어떤 사건이 일어나는 가짓수이고, 확률은 어떤 사건이 일어날 수 있는 가능성을 말해요. 경우의 수로 다양한 사건의 확률을 구해 봐요.

	공부할 내용!	완료	10일 진도	20일 진도
18	경우의 수는 어떤 사건이 일어나는 가짓수야	□	9일차	16일차
19	사건 A '또는' 사건 B가 일어나면 합으로 구해	□		17일차
20	사건 A와 사건 B가 '동시에' 일어나면 곱으로 구해	□		18일차
21	확률은 어떤 사건이 일어날 수 있는 가능성이야	□	10일차	19일차
22	경우의 수와 확률의 기초 종합 문제	□		20일차

경우의 수는 어떤 사건이 일어나는 가짓수야

✪ 사건과 경우의 수

- 사건: 같은 조건에서 여러 번 반복할 수 있는 실험이나 관찰에 의하여 나타나는 결과
- 경우의 수: 어떤 사건이 일어나는 경우의 가짓수

실험	사건	경우	경우의 수
동전 던지기	일어나는 모든 경우		2 가지
	숫자 면이 나오는 경우		1 가지
주사위 던지기	일어나는 모든 경우	⚀ ⚁ ⚂ ⚃ ⚄ ⚅	6 가지
	짝수의 눈이 나오는 경우	⚁ ⚃ ⚅	3 가지
	5의 약수의 눈이 나오는 경우	⚀ ⚄	2 가지
1부터 10까지의 수가 적힌 카드 뽑기	일어나는 모든 경우	1 2 3 4 5 6 7 8 9 10	10 가지
	3의 배수가 나오는 경우	3 6 9	3 가지
	6의 약수가 나오는 경우	1 2 3 6	4 가지

가능성을 구할 때와 사건이 비슷해!

맞아. 가능성을 구하기 위해 이미 경우의 수를 구하고 있었어!

주어진 사건이 일어나는 경우를 생각하여 그 수를 세어 봐요.

한 개의 주사위를 던질 때, 다음의 눈이 나오는 경우의 수를 구하세요.

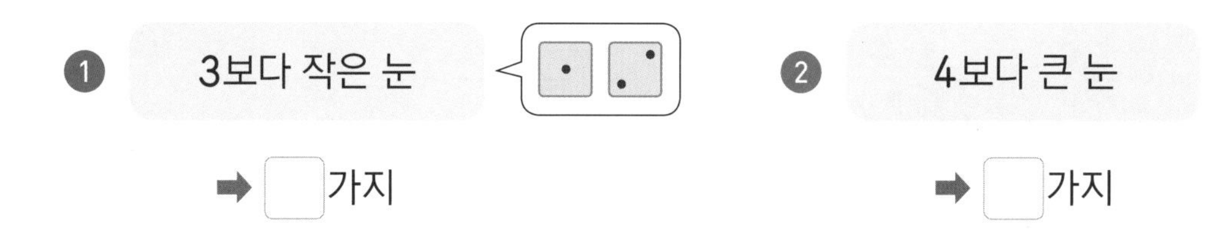

1 3보다 작은 눈 → □가지

2 4보다 큰 눈 → □가지

3 홀수의 눈 → □가지

4 3의 배수의 눈 → □가지

1부터 10까지의 수가 각각 하나씩 적힌 10장의 카드 중에서 한 장을 뽑을 때, 다음 수가 적힌 카드가 나오는 경우의 수를 구하세요.

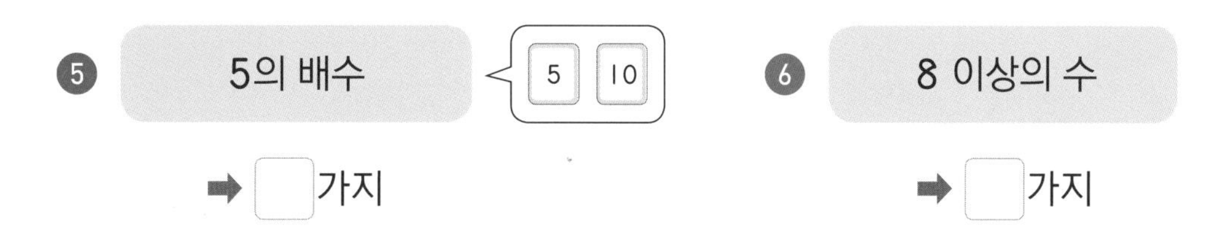

5 5의 배수 → □가지

6 8 이상의 수 → □가지

7 10 이상의 수 → □가지

8 3 초과 8 이하의 수 → □가지

9 짝수 → □가지

10 소수 → □가지

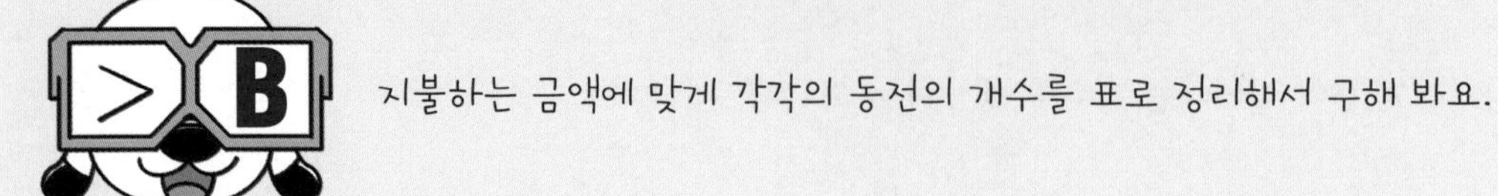

주어진 동전을 사용하여 물건의 값을 지불하는 경우의 수를 구하세요.

❶ 가격: 100원

➡ ☐가지

❷ 가격: 200원

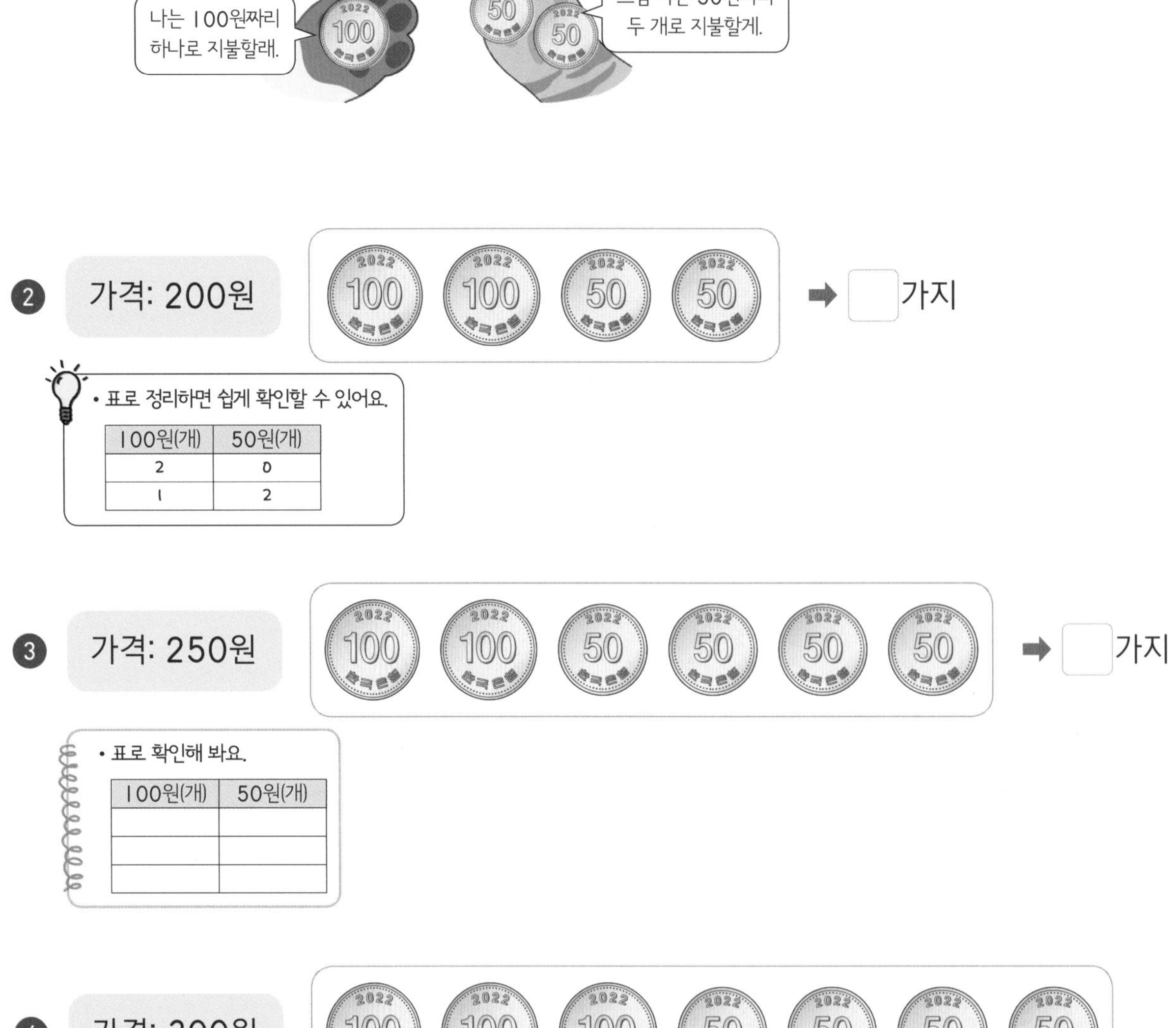

➡ ☐가지

• 표로 정리하면 쉽게 확인할 수 있어요.

100원(개)	50원(개)
2	0
1	2

❸ 가격: 250원

100 100 50 50 50 50

➡ ☐가지

• 표로 확인해 봐요.

100원(개)	50원(개)

❹ 가격: 300원

• 표로 확인해 봐요.

100원(개)	50원(개)

➡ ☐가지

두 주사위를 던져 나오는 눈의 수를 순서대로 (●, ■)라고 생각하고
●와 ■의 합이 주어진 수가 되는 경우를 순서대로 구해요.

서로 다른 두 개의 주사위를 동시에 던질 때, 경우의 수를 구하세요.

❶ 두 눈의 수의 합이 3

➡ ☐가지

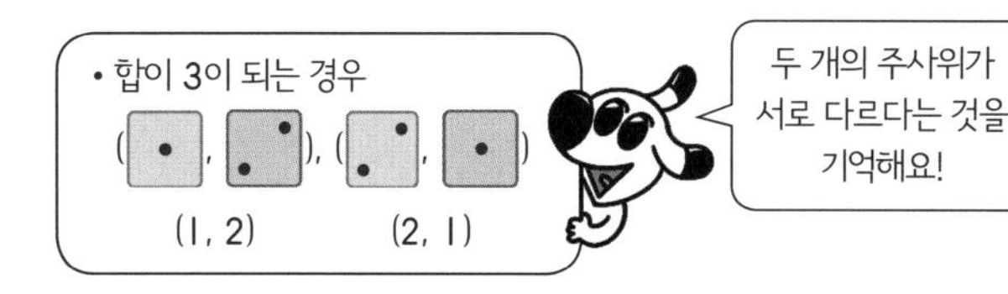

❷ 두 눈의 수의 합이 4

➡ ☐가지

합이 4가 되는 눈의 수를 순서대로 (●, ■)로 나타내면 (1, 3), (2, 2), (3, 1)이에요.

❸ 두 눈의 수의 합이 6

➡ ☐가지

❹ 두 눈의 수의 합이 8

➡ ☐가지

❺ 두 눈의 수의 합이 10

➡ ☐가지

차는 큰 수에서 작은 수를 뺀 값이에요.

❻ 두 눈의 수의 차가 3

➡ ☐가지

❼ 두 눈의 수의 차가 5

➡ ☐가지

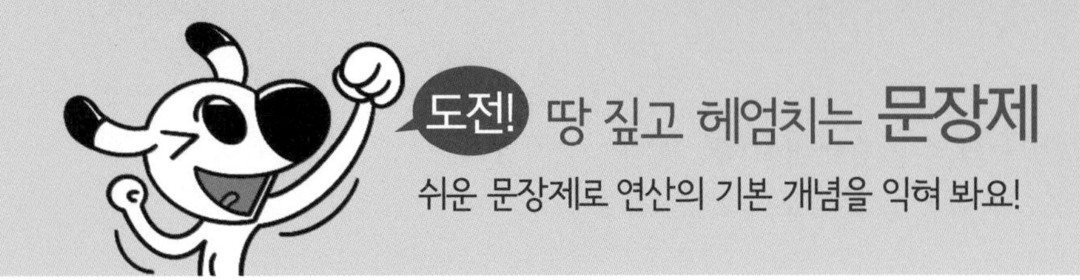

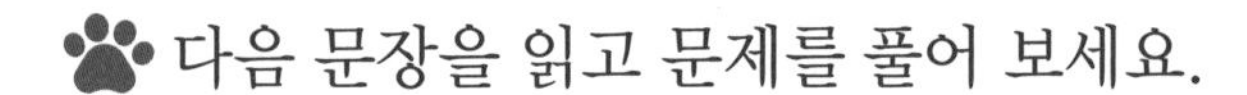

❶ 1부터 20까지의 수가 각각 하나씩 적힌 20장의 카드 중에서 한 장을 뽑을 때, 3의 배수가 적힌 카드가 나오는 경우의 수는 몇 가지일까요?

❷ 편의점에서 600원짜리 사탕 1개를 사려고 합니다. 100원짜리 동전 5개, 50원짜리 동전 6개를 가지고 있을 때, 사탕의 값을 지불하는 경우의 수는 몇 가지일까요?

• 표로 확인해 봐요.

100원(개)	50원(개)
5	2
4	
3	

❸ 서로 다른 두 개의 주사위를 동시에 던질 때, 나오는 눈의 수의 합이 7이 되는 경우의 수는 몇 가지일까요?

❹ 서로 다른 두 개의 주사위를 동시에 던질 때, 나오는 눈의 수의 차가 1이 되는 경우의 수는 몇 가지일까요?

큰 수에서 작은 수를 뺀 값이 1이 되는 두 수를 구해요.

사건 A '또는' 사건 B가 일어나면 합으로 구해

사건 A 또는 사건 B가 일어나는 경우의 수

두 사건 A, B가 동시에 일어나지 않을 때,

사건 A가 일어나는 경우의 수가 a이고, 사건 B가 일어나는 경우의 수가 b이면

(사건 A 또는 사건 B가 일어나는 경우의 수)$=a+b$(가지)

카드 한 장을 뽑을 때 경우의 수 구하기

- **5의 배수 또는 3의 배수가 적힌 카드가 나오는 경우의 수**

5의 배수가 나오는 경우의 수

또는

3의 배수가 나오는 경우의 수

➡ (5의 배수가 나오는 경우의 수)+(3의 배수가 나오는 경우의 수)$=2+3=5$(가지)

- 두 사건이 일어나는 경우의 수를 더해서 구하는 경우

'동시에 일어나지 않는다'는 각각의 사건이 일어난다는 뜻으로 **'또는'**, **'~이거나'**라는 표현이 있으면 두 사건이 일어나는 경우의 수를 더해서 구해요.

주사위를 한 번 던져 나온 눈의 수가 2의 배수 또는 5의 배수인 경우의 수는?	주사위를 한 번 던져 나온 눈의 수가 2의 배수이거나 5의 배수인 경우의 수는?

➡ $3+1=4$

물건이나 교통수단을 한 가지만 선택하는 경우의 수는
각각의 가짓수를 더해서 구해요.

다음 중 한 가지를 선택하는 경우의 수를 구하세요.

❶ 우유 또는 주스

➡ 3 + 4 = ☐(가지)

❷ 버스 또는 지하철

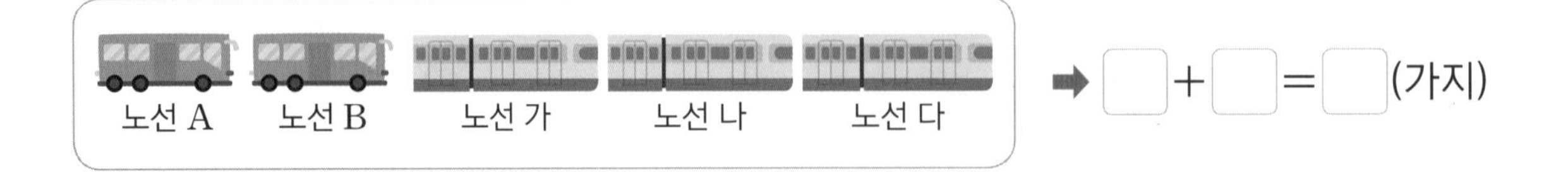

➡ ☐ + ☐ = ☐(가지)

❸ 만화책이거나 소설책

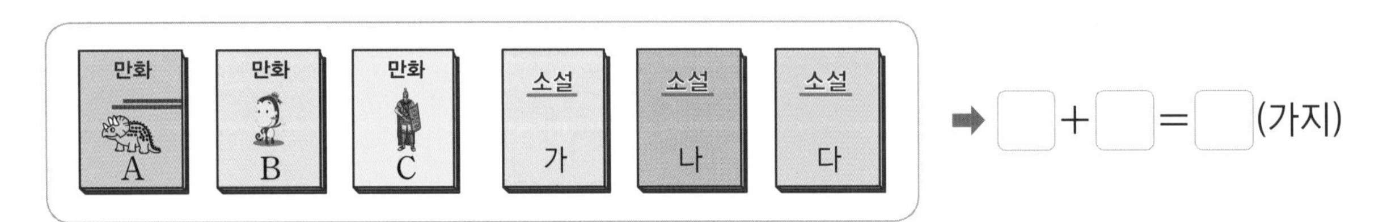

➡ ☐ + ☐ = ☐(가지)

문제에 '또는', '~이거나'가 나오면
각각의 사건이 일어나는 경우의 수를 더해서 구해요.

다음과 같은 카드 중에서 한 장을 뽑을 때, 다음 수가 적힌 카드가 나오는 경우의 수를 구하세요.

❶ 4의 배수 또는 5의 배수

➡ 2 + 2 = □(가지)

4의 배수인 경우의 수 / 5의 배수인 경우의 수

❷ 2의 배수이거나 9의 약수

➡ 5 + □ = □(가지)

2의 배수인 경우의 수 / 9의 약수인 경우의 수

❸ 3의 배수 또는 7의 배수

➡ 3 + □ = □(가지)

❹ 6의 약수이거나 8의 배수

➡ □ + □ = □(가지)

❺ 소수이거나 6의 배수

➡ □ + □ = □(가지)

❻ 홀수 또는 2의 배수

➡ □ + □ = □(가지)

두 주사위를 던져 나오는 눈의 수를 순서대로 (●, ■)라고 생각하고
●와 ■의 합이 주어진 수가 되는 경우를 구해요.

서로 다른 두 개의 주사위를 동시에 던질 때, 경우의 수를 구하세요.

❶ 두 눈의 수의 합이 3 또는 4 ➡ 2 + 3 = □(가지)

❷ 두 눈의 수의 합이 2 또는 5 ➡ □ + □ = □(가지)

❸ 두 눈의 수의 합이 8 또는 3 ➡ □ + □ = □(가지)

❹ 두 눈의 수의 합이 6 또는 10 ➡ □ + □ = □(가지)

❺ 두 눈의 수의 합이 4 또는 5 ➡ □ + □ = □(가지)

❻ 두 눈의 수의 차가 0 또는 5 ➡ □ + □ = □(가지)

두 눈의 차가 0인 경우는 (1, 1), (2, 2) …… (6, 6)과 같이 두 눈이 같은 수가 나오는 경우예요.

도전! 땅 짚고 헤엄치는 문장제

쉬운 문장제로 연산의 기본 개념을 익혀 봐요!

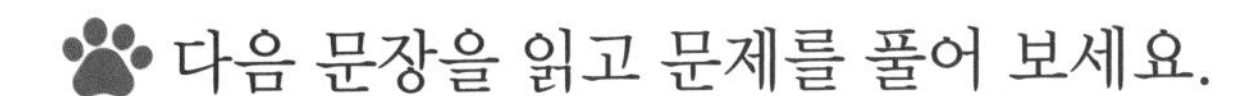
다음 문장을 읽고 문제를 풀어 보세요.

❶ 서울에서 부산까지 비행기를 타고 가는 방법은 5가지, 기차를 타고 가는 방법은 3가지일 때, 비행기 또는 기차로 서울에서 부산까지 가는 경우의 수는 몇 가지일까요?

______

❷ 1부터 15까지의 수가 각각 하나씩 적힌 15장의 카드 중에서 한 장을 뽑을 때, 4의 배수 또는 홀수가 적힌 카드가 나오는 경우의 수는 몇 가지일까요?

______

❸ 서로 다른 두 개의 주사위를 동시에 던질 때, 나오는 두 눈의 수의 합이 3 또는 5가 되는 경우의 수는 몇 가지일까요?

______

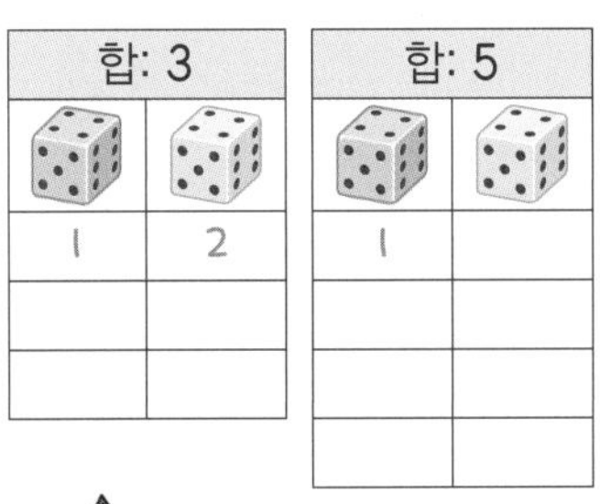

합: 3	
1	2

합: 5	
1	

❹ 서로 다른 두 개의 주사위를 동시에 던질 때, 나오는 두 눈의 수의 차가 3이거나 4가 되는 경우의 수는 몇 가지일까요?

______

사건 A와 사건 B가 '동시에' 일어나면 곱으로 구해

사건 A와 사건 B가 동시에 일어나는 경우의 수

사건 A가 일어나는 경우의 수가 a이고, 사건 B가 일어나는 경우의 수가 b이면

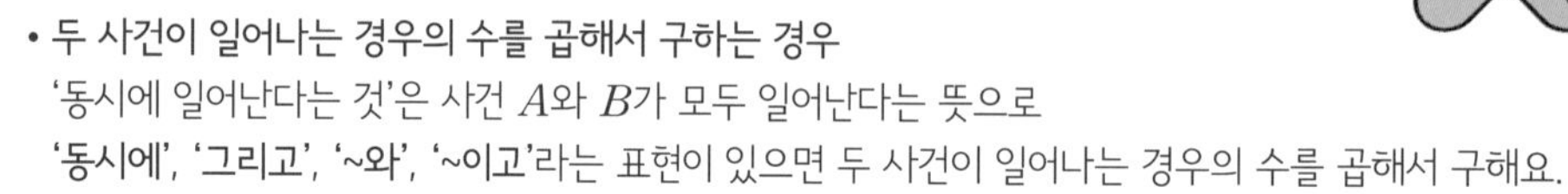

(두 사건 A와 B가 동시에 일어나는 경우의 수)$=a\times b$(가지)

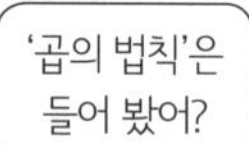

• 두 사건이 일어나는 경우의 수를 곱해서 구하는 경우
'동시에 일어난다는 것'은 사건 A와 B가 모두 일어난다는 뜻으로
'동시에', '그리고', '~와', '~이고'라는 표현이 있으면 두 사건이 일어나는 경우의 수를 곱해서 구해요.

동전 한 개와 주사위 한 개를 동시에 던질 때 경우의 수 알아보기

• 나올 수 있는 모든 경우의 수

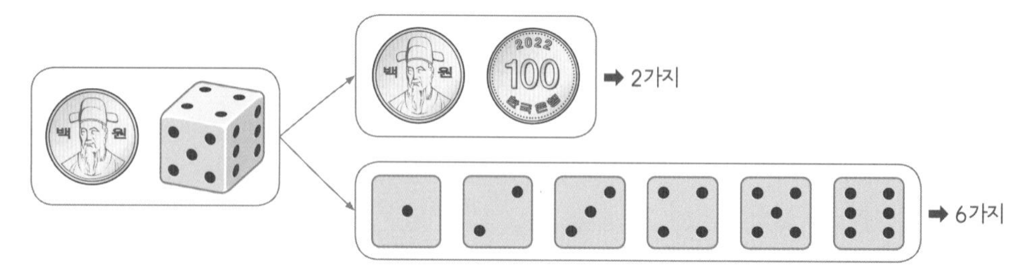

➡ (동전을 던져 나올 수 있는 경우의 수)×(주사위를 던져 나올 수 있는 경우의 수)
$=2\times 6=12$(가지)

• 동전의 그림 면이 나오는 동시에 주사위의 짝수의 눈이 나오는 경우의 수

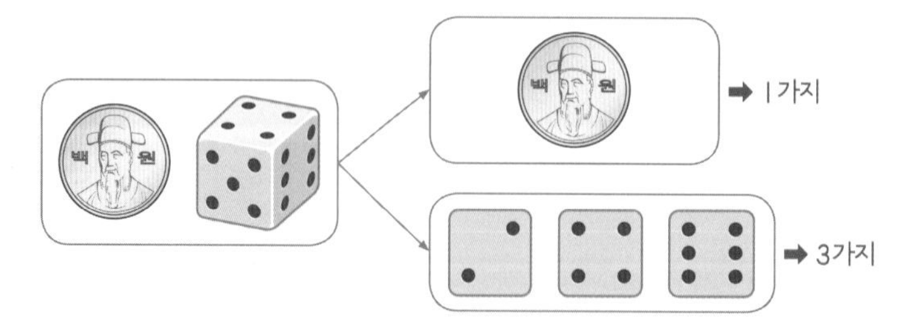

➡ (동전의 그림 면이 나오는 경우의 수)×(주사위의 짝수의 눈이 나오는 경우의 수)
$=1\times 3=3$(가지)

A와 B를 각각 한 가지씩 선택하는 경우의 수는
각각의 가짓수를 곱해서 구해요.

A와 B를 각각 한 가지씩 선택하는 경우의 수를 구하시오.

❶ A B

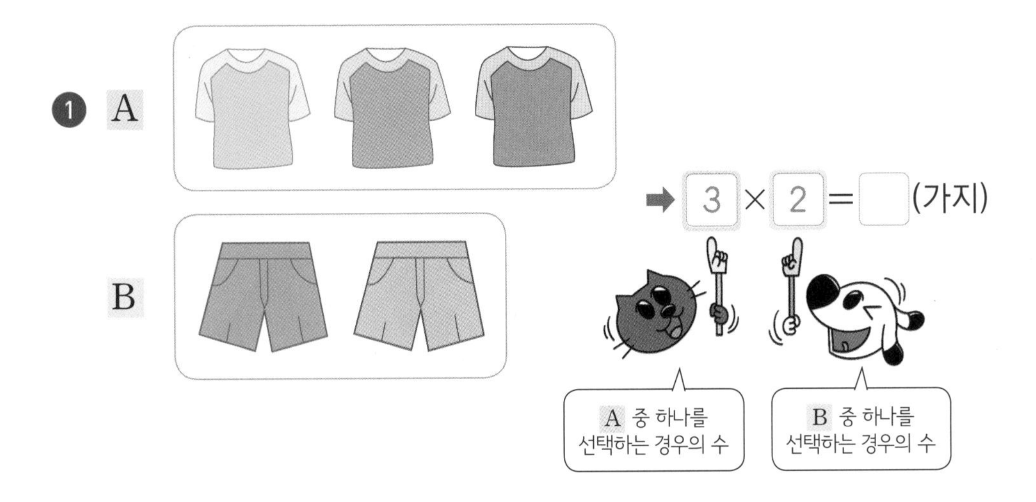

➡ 3 × 2 = □(가지)

A 중 하나를 선택하는 경우의 수
B 중 하나를 선택하는 경우의 수

❷ A B

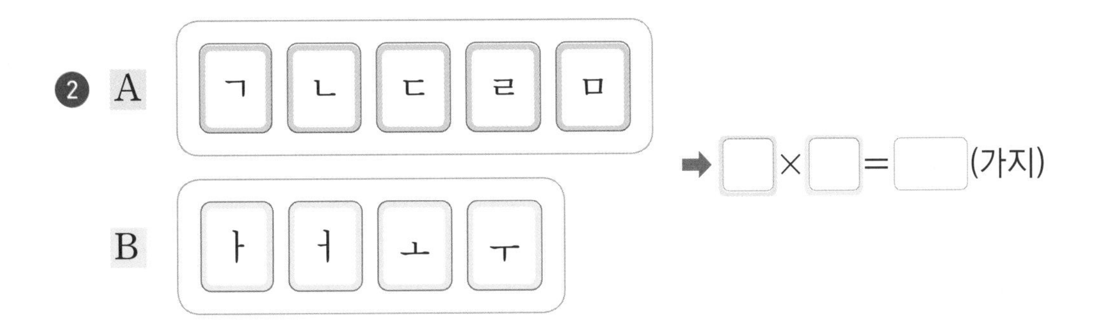

➡ □ × □ = □(가지)

❸ A B

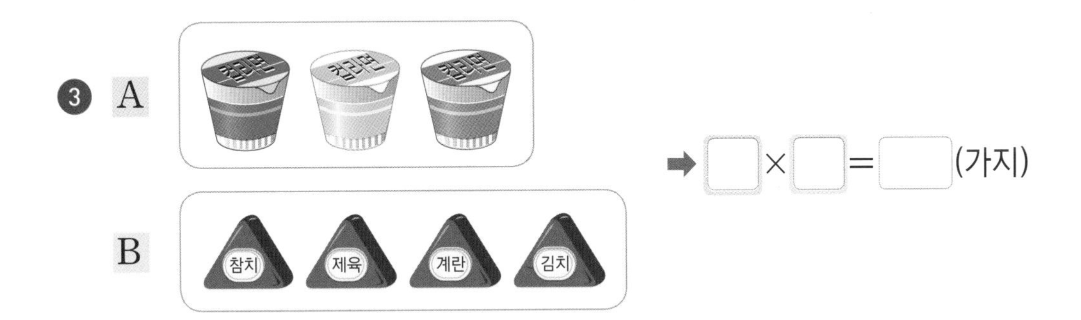

➡ □ × □ = □(가지)

문제에 '동시에', '그리고', '~와', '~이고'가 나오면
각각의 사건이 일어나는 경우의 수를 곱해서 구해요.

다음 사건이 일어나는 모든 경우의 수를 구하세요.

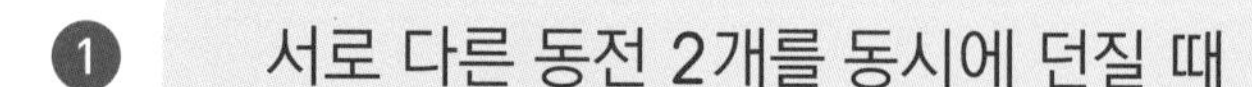

❶ 서로 다른 동전 2개를 동시에 던질 때 ➡ 2 × 2 = ☐ (가지)

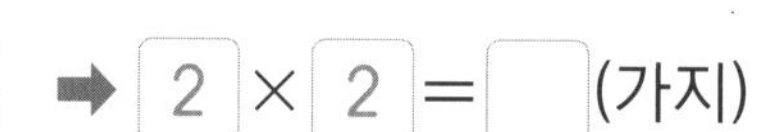

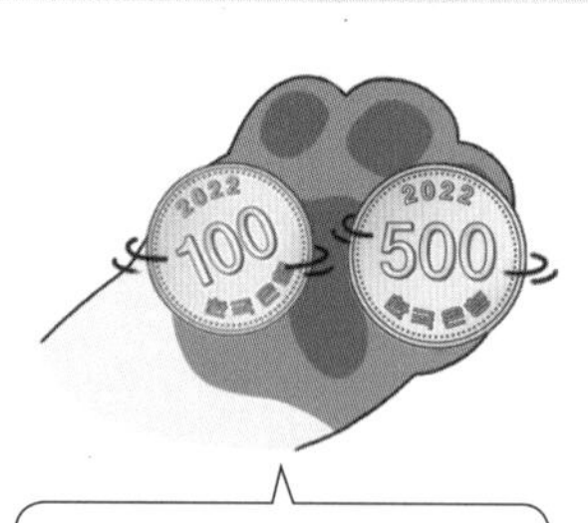

100원짜리, 500원짜리
동전을 하나씩 동시에 던지면~.

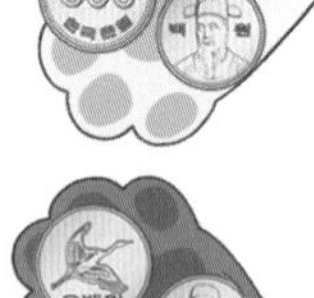

짠! 4가지 경우가 있어!

❷ 동전 1개와 주사위 1개를 동시에 던질 때 ➡ ☐ × ☐ = ☐ (가지)

❸ 서로 다른 주사위 2개를 동시에 던질 때 ➡ ☐ × ☐ = ☐ (가지)

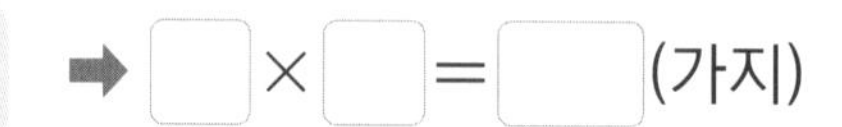

• 서로 다른 동전 3개를 동시에 던질 때도 방법은 같아요.
$2\times2\times2$
➡ 각각의 동전은 그림 면 또는 숫자 면이 나와요.

❹ 서로 다른 동전 3개를 동시에 던질 때 ➡ ☐ × ☐ × ☐ = ☐ (가지)

❺ 서로 다른 동전 2개와 주사위 1개를 동시에 던질 때 ➡ ☐ × ☐ × ☐ = ☐ (가지)

각각의 경우의 수를 먼저 구하면 쉬워요.
두 사건이 동시에 일어나는 사건이라는 것을 기억해요.

노란색 주사위와 파란색 주사위를 동시에 던질 때, 다음의 눈의 수가 나오는 경우의 수를 구하세요.

❶ 노란색 주사위는 2의 배수이고, 파란색 주사위는 짝수

➡ 3 × 3 = ☐(가지)
(노란색 주사위) (파란색 주사위)

❷ 노란색 주사위는 짝수인 동시에 파란색 주사위는 3의 약수

➡ ☐ × ☐ = ☐(가지)

❸ 노란색 주사위는 홀수 그리고 파란색 주사위는 짝수

➡ ☐ × ☐ = ☐(가지)

❹ 노란색 주사위는 4의 약수이고, 파란색 주사위는 6의 약수

➡ ☐ × ☐ = ☐(가지)

❺ 노란색 주사위는 3의 배수인 동시에 파란색 주사위는 짝수

➡ ☐ × ☐ = ☐(가지)

❻ 노란색 주사위는 4의 약수 그리고 파란색 주사위는 홀수

➡ ☐ × ☐ = ☐(가지)

❼ 노란색 주사위는 5의 약수이고, 파란색 주사위는 5의 배수

➡ ☐ × ☐ = ☐(가지)

❽ 노란색 주사위는 짝수 그리고 파란색 주사위는 소수

➡ ☐ × ☐ = ☐(가지)

도전! 땅 짚고 헤엄치는 문장제

쉬운 문장제로 연산의 기본 개념을 익혀 봐요!

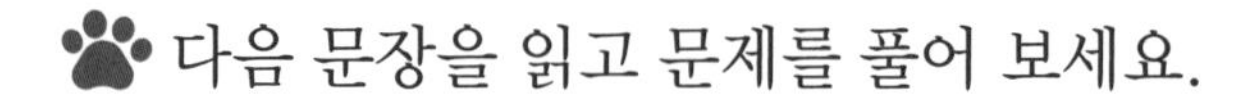

다음 문장을 읽고 문제를 풀어 보세요.

1 집, 공원, 학교 사이에 다음과 같은 길이 있을 때, 집에서 공원을 거쳐 학교까지 가는 경우의 수는 몇 가지일까요?

2 서로 다른 동전 5개를 동시에 던질 때, 일어나는 모든 경우의 수는 몇 가지일까요?

동시에 던지는 동전의 수가 많아져도 구하는 방법은 똑같다는 것! 알고 있죠?

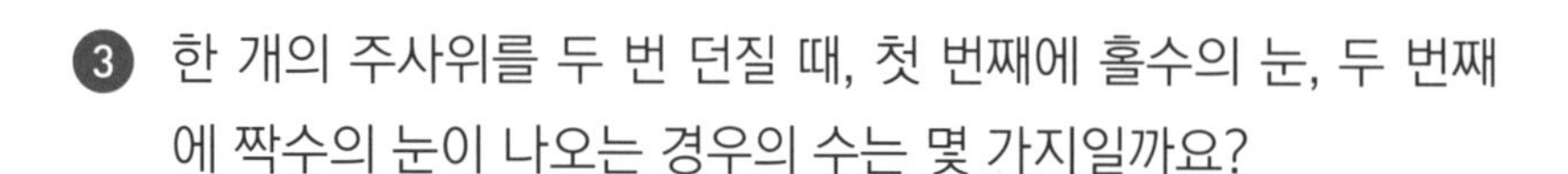

3 한 개의 주사위를 두 번 던질 때, 첫 번째에 홀수의 눈, 두 번째에 짝수의 눈이 나오는 경우의 수는 몇 가지일까요?

4 다음과 같은 카드 중에서 두 장을 동시에 뽑을 때, 3의 배수가 적힌 카드와 5의 배수가 적힌 카드가 각각 한 장씩 나오는 경우의 수는 몇 가지일까요?

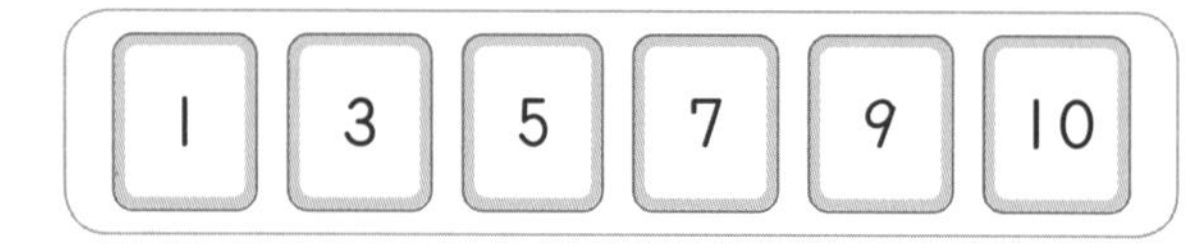

3의 배수: [3], [9] ← 2가지
5의 배수: [5], [10] ← 2가지

➡ ([3], [5]), ([3], [10])
([9], [5]), ([9], [10])

$2 \times 2 = 4$(가지)

확률은 어떤 사건이 일어날 수 있는 가능성이야

확률: 어떤 사건이 일어날 수 있는 가능성의 정도

확률은 영어로 probability로 간단하게 p로 나타내기도 해요.

• 주사위 한 개를 던질 때 2의 배수의 눈이 나올 확률

$$\Rightarrow \frac{(\text{2의 배수의 눈이 나오는 경우의 수})}{(\text{모든 경우의 수})}=\frac{3\text{ 가지}}{6\text{ 가지}}=\frac{1}{2}$$

(2, 4, 6)

• 주사위 한 개를 던질 때 6의 약수의 눈이 나올 확률

$$\Rightarrow \frac{(\text{6의 약수의 눈이 나오는 경우의 수})}{(\text{모든 경우의 수})}=\frac{4\text{ 가지}}{6\text{ 가지}}=\frac{2}{3}$$

(1, 2, 3, 6)

확률의 기본 성질

① 어떤 사건이 일어날 확률을 p라 하면 $0 \le p \le 1$입니다.

② 반드시 일어나는 사건의 확률은 1입니다.

③ 절대로 일어나지 않는 사건의 확률은 0입니다.

• 사건 A가 일어날 확률이 p일 때, 사건 A가 일어나지 않을 확률은?
어떤 사건이 일어나거나, 일어나지 않을 확률의 합은 항상 1로
사건 A가 일어날 확률이 p일 때, 사건 A가 일어나지 않을 확률은 $1-p$입니다.

$$(\text{어떤 사건이 일어날 확률})=\frac{(\text{어떤 사건이 일어나는 경우의 수})}{(\text{모든 경우의 수})}$$

주사위 한 개를 던졌을 때 사건이 일어날 확률을 구하세요.

❶ 3보다 작은 눈이 나올 확률

➡

(3보다 작은 눈이 나올 확률)

$=\frac{(\text{3보다 작은 눈이 나오는 경우의 수})}{(\text{모든 경우의 수})}=\frac{2}{6}$ (→1, 2)

❷ 3의 배수의 눈이 나올 확률

➡

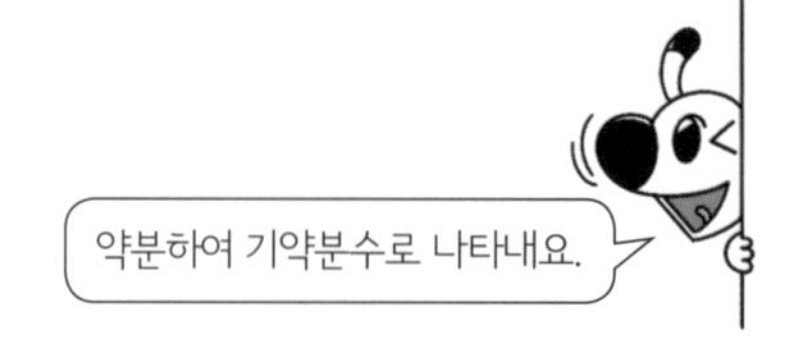

❸ 4의 약수의 눈이 나올 확률

➡

❹ 6의 약수의 눈이 나올 확률

➡

❺ 2 이상 4 이하의 눈이 나올 확률

➡

❻ 3 이상 5 미만의 눈이 나올 확률

➡

8의 배수는 8, 16, 24 ……인데 주사위를 던져 8의 배수의 눈이 나올 수 있을까?

1의 배수는 1, 2, 3, 4 ……로 주사위를 던져 1의 배수의 눈이 나올 확률은 반드시 일어날 사건의 확률!

❼ 8의 배수의 눈이 나올 확률

➡

❽ 1의 배수의 눈이 나올 확률

➡

전체 구슬 중에서 노란색 구슬이 몇 개인지 확인해 봐요.

주머니에서 구슬 한 개를 꺼낼 때, 노란 구슬을 꺼낼 확률을 구하세요.

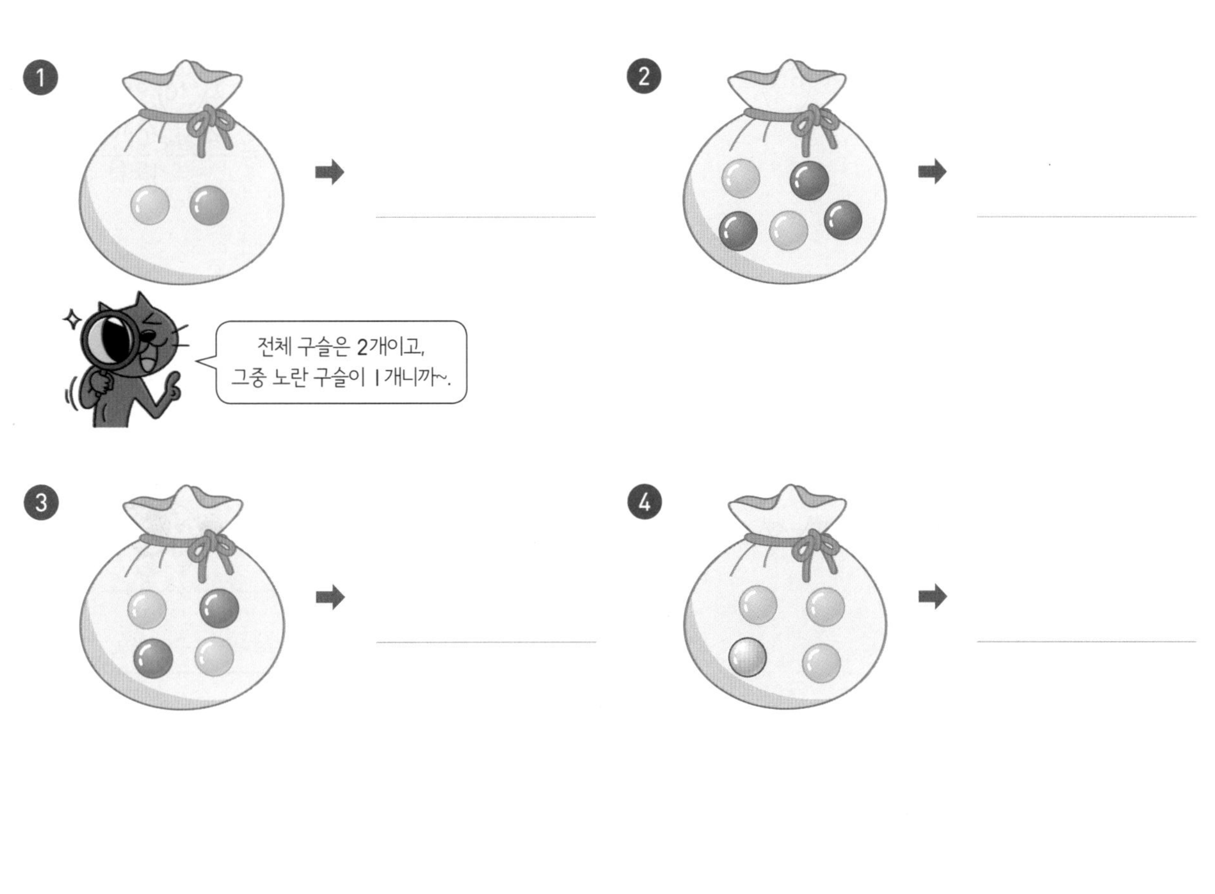

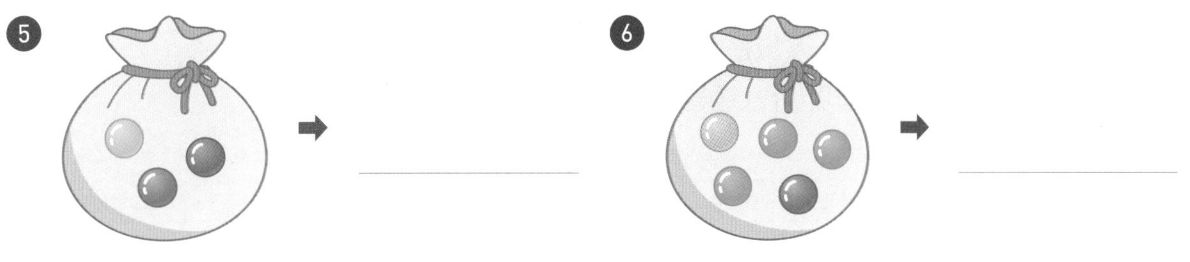

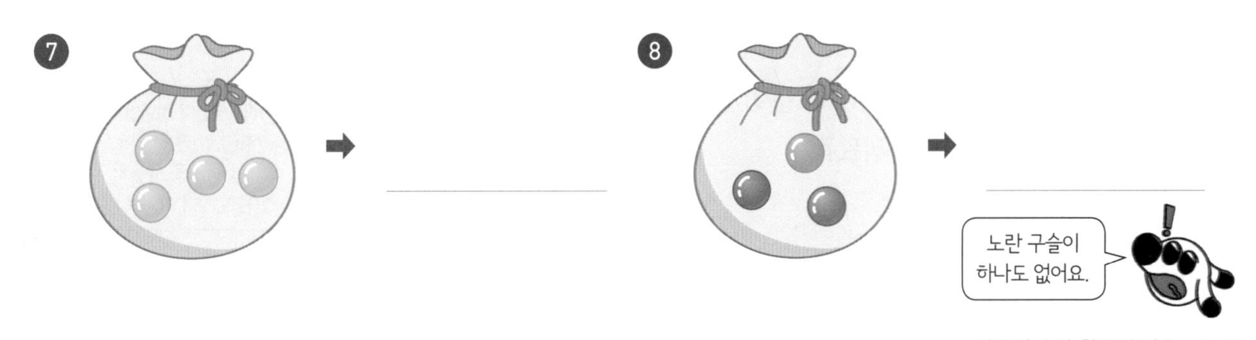

도전! 땅 짚고 헤엄치는 문장제

쉬운 문장제로 연산의 기본 개념을 익혀 봐요!

다음 문장을 읽고 문제를 풀어 보세요.

(❶) 주사위를 한 번 던질 때, 3의 약수의 눈이 나올 확률은 얼마일까요?

(A 사건이 일어날 확률)

$= \frac{(A \text{ 사건이 일어나는 경우의 수})}{(\text{모든 경우의 수})}$

____

(❷) 빨간 사탕 6개, 노란 사탕 3개, 파란 사탕 4개가 들어 있는 항아리에서 사탕 한 개를 꺼낼 때, 빨간 사탕을 꺼낼 확률은 얼마일까요?

먼저 사탕이 모두 몇 개인지 구해 봐요.

____

(❸) 흰 돌과 검은 돌이 하나씩 들어 있는 통에서 돌 하나를 꺼낼 때, 흰 돌을 꺼낼 확률과 흰 돌이 아닌 돌을 꺼낼 확률을 차례대로 구하세요.

________, ________

(❹) 주사위를 한 번 던질 때, 짝수의 눈이 나올 확률과 홀수의 눈이 나올 확률의 합은 얼마일까요?

어떤 사건이 일어날 확률과, 어떤 사건이 일어나지 않을 확률의 합은 항상 1이에요.

____

섞어 연습하기

22 경우의 수와 확률의 기초 종합 문제

한 개의 주사위를 던질 때, 다음의 눈이 나오는 경우의 수를 구하세요.

❶ 4보다 큰 눈

➡ ☐가지

❷ 3의 배수의 눈

➡ ☐가지

❸ 6의 약수의 눈

➡ ☐가지

❹ 짝수의 눈

➡ ☐가지

1부터 10까지의 수가 각각 하나씩 적힌 카드 10장 중에서 한 장을 뽑을 때, 다음 수가 적힌 카드가 나오는 경우의 수를 구하세요.

❺ 8 이상의 수

➡ ☐가지

❻ 2의 배수

➡ ☐가지

❼ 7의 약수

➡ ☐가지

❽ 5의 배수

➡ ☐가지

❾ 3 이상 8 미만의 수

➡ ☐가지

❿ 4 초과 7 미만의 수

➡ ☐가지

서로 다른 두 개의 주사위를 동시에 던질 때, 경우의 수를 구하세요.

❶ 두 눈의 수의 합이 2 또는 4 ➡ □가지

❷ 두 눈의 수의 합이 8 또는 3 ➡ □가지

❸ 두 눈의 수의 합이 7이거나 2 ➡ □가지

❹ 두 눈의 수의 합이 3이거나 5 ➡ □가지

❺ 노란색 주사위는 2의 배수이고, 파란색 주사위는 짝수 ➡ □가지

❻ 노란색 주사위는 홀수인 동시에 파란색 주사위는 3의 약수 ➡ □가지

❼ 노란색 주사위는 5의 약수 그리고 파란색 주사위는 소수 ➡ □가지

🐾 주머니에서 구슬 한 개를 꺼낼 때, 노란 구슬을 꺼낼 확률을 구하세요.

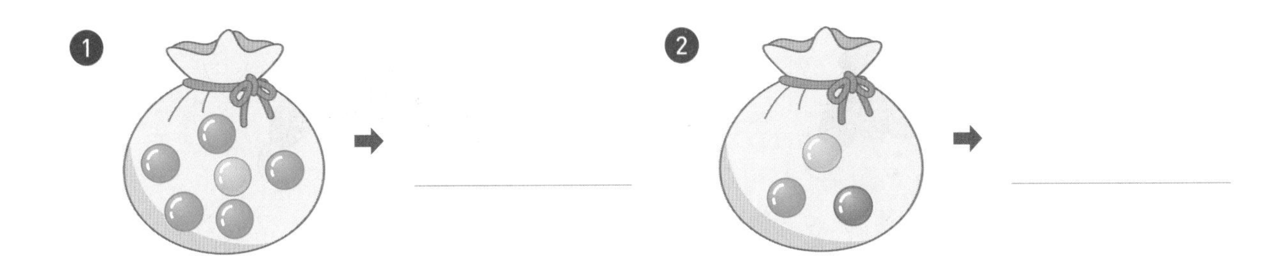

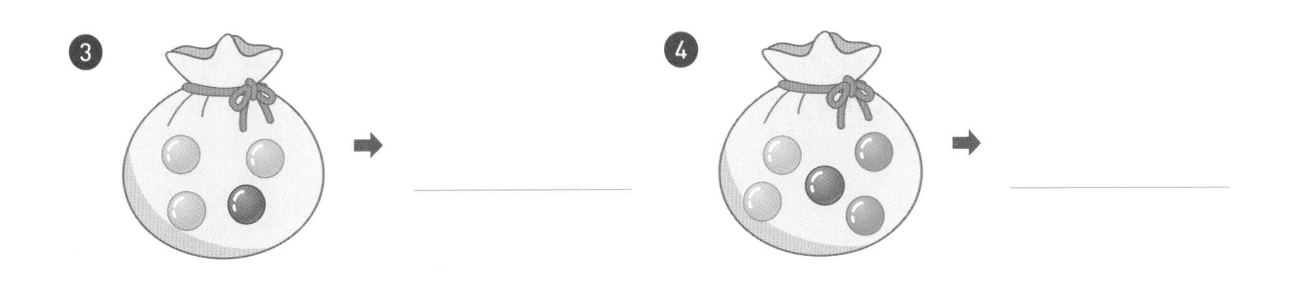

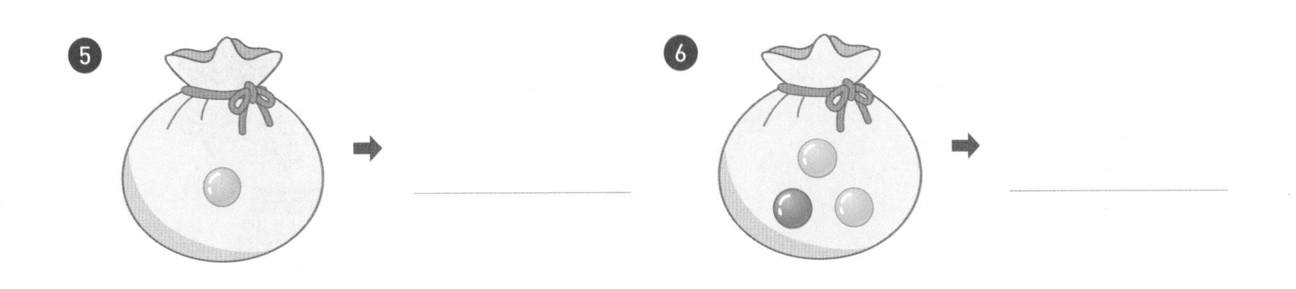

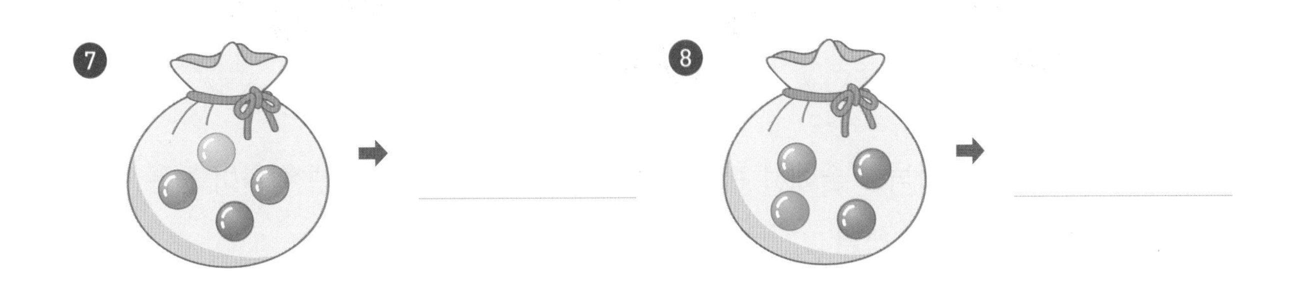

🐾 ☐ 안에 알맞은 이름을 써넣으세요.

❶

➡ 각자 가지고 있는 카드 중에서 한 장을 뽑을 때 2의 배수가 적힌 카드를 뽑을 확률이 더 높은 사람은 ☐ 입니다.

❷

➡ 각자 가지고 있는 바둑돌 중에서 한 개를 꺼낼 때, 흰 바둑돌을 꺼낼 확률이 높은 학생부터 순서대로 이름을 쓰면 ☐, ☐, ☐ 입니다.

초등 수학

나 혼자 푼다! 수학 문장제 (전 12권)

1~6학년용 학기별 전 12권 | 각 권 9,000원~9,800원

학교 시험 서술형 완벽 대비

빈칸 을 채우면 풀이와 답이 완성된다!

새 교육과정 완벽 반영!

교과서 순서와 똑같아 공부하기 좋아요!

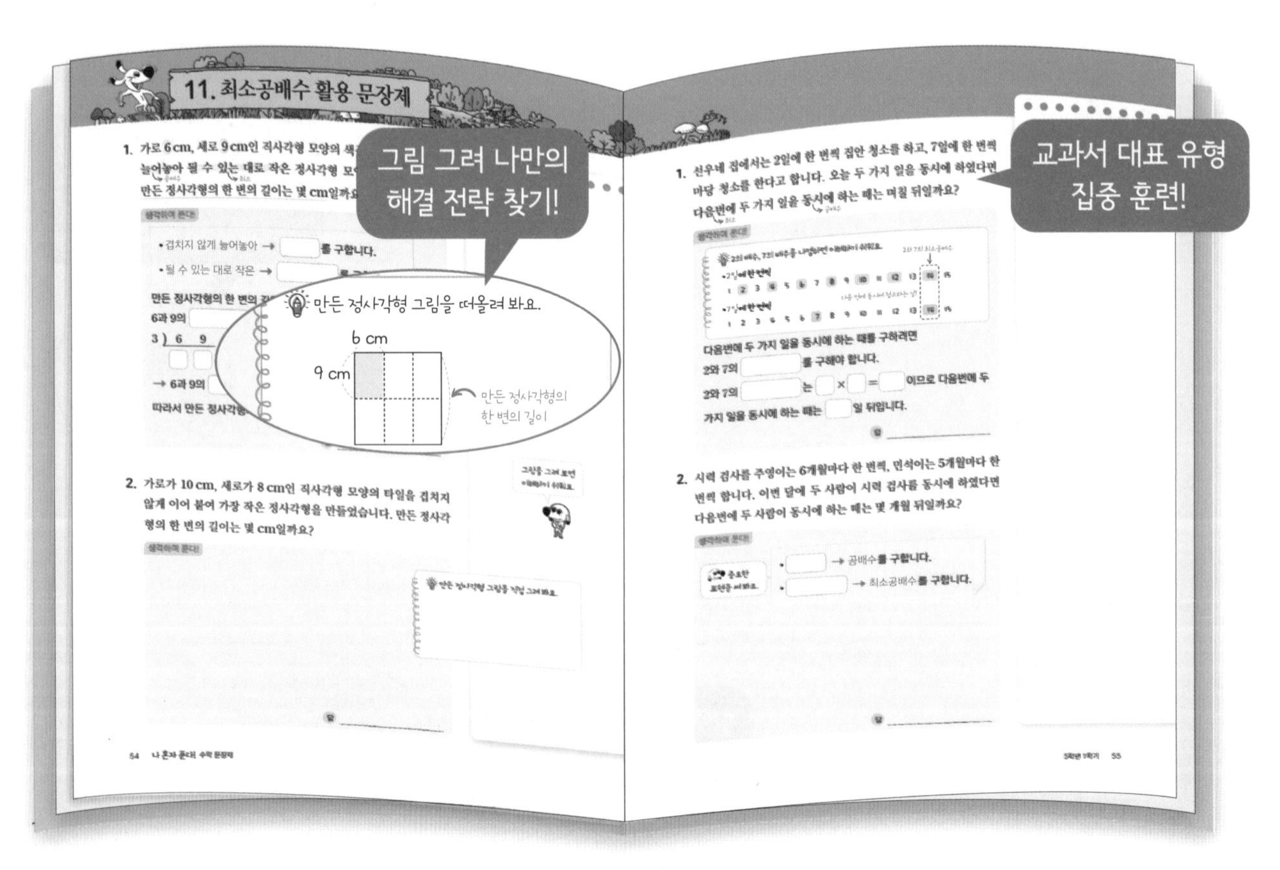

60점 맞던 아이가 이 책으로 공부하고 단원평가 100점을 맞았어요! –공부방 선생님 K

초등 수학 공부, 이렇게 하면 효과적!

“펑펑 내려야 눈이 쌓이듯 공부도 집중해야 실력이 쌓인다!”

학교 다닐 때는? 학기별 연산책 ‘바빠 교과서 연산’

‘바빠 교과서 연산’부터 시작하세요. 학기별 진도에 딱 맞춘 쉬운 연산 책이니까요! 방학 동안 다음 학기 선행을 준비할 때도 ‘바빠 교과서 연산’으로 시작하세요! 교과서 순서대로 빠르게 공부할 수 있어, 첫 번째 수학 책으로 추천합니다.

시험이나 서술형 대비는? ‘나 혼자 푼다! 수학 문장제’

학교 시험을 대비하고 싶다면 ‘나 혼자 푼다! 수학 문장제’로 공부하세요. 너무 어렵지도 쉽지도 않은 딱 적당한 난이도로, 빈칸을 채우면 풀이 과정이 완성됩니다! 막막하지 않아요~ 요즘 학교 시험 풀이 과정을 손쉽게 연습할 수 있습니다.

내가 부족한 영역만 골라 보충할 수 있어요! 예를 들어 4학년인데 나눗셈이 어렵다면 나눗셈만, 분수가 어렵다면 분수만 골라 훈련하세요. 방학 때나 학습 결손이 생겼을 때, 취약한 연산 구멍을 빠르게 메꿀 수 있어요!

바빠 연산 영역 :
덧셈, 뺄셈, 구구단, 시계와 시간, 길이와 시간 계산, 곱셈, 나눗셈, 약수와 배수, 분수, 소수, 자연수의 혼합 계산, 분수와 소수의 혼합 계산, 평면도형 계산, 입체도형 계산, 비와 비례, 방정식, 확률과 통계

바빠 시리즈 초등 학년별 추천 도서

학년	학기별 연산책 바빠 교과서 연산 학기 중, 선행용으로 추천!	나 혼자 푼다! 수학 문장제 학교 시험 서술형 완벽 대비!
1학년	· 바쁜 1학년을 위한 빠른 **교과서 연산 1-1** · 바쁜 1학년을 위한 빠른 **교과서 연산 1-2**	· 나 혼자 푼다! **수학 문장제 1-1** · 나 혼자 푼다! **수학 문장제 1-2**
2학년	· 바쁜 2학년을 위한 빠른 **교과서 연산 2-1** · 바쁜 2학년을 위한 빠른 **교과서 연산 2-2**	· 나 혼자 푼다! **수학 문장제 2-1** · 나 혼자 푼다! **수학 문장제 2-2**
3학년	· 바쁜 3학년을 위한 빠른 **교과서 연산 3-1** · 바쁜 3학년을 위한 빠른 **교과서 연산 3-2**	· 나 혼자 푼다! **수학 문장제 3-1** · 나 혼자 푼다! **수학 문장제 3-2**
4학년	· 바쁜 4학년을 위한 빠른 **교과서 연산 4-1** · 바쁜 4학년을 위한 빠른 **교과서 연산 4-2**	· 나 혼자 푼다! **수학 문장제 4-1** · 나 혼자 푼다! **수학 문장제 4-2**
5학년	· 바쁜 5학년을 위한 빠른 **교과서 연산 5-1** · 바쁜 5학년을 위한 빠른 **교과서 연산 5-2**	· 나 혼자 푼다! **수학 문장제 5-1** · 나 혼자 푼다! **수학 문장제 5-2**
6학년	· 바쁜 6학년을 위한 빠른 **교과서 연산 6-1** · 바쁜 6학년을 위한 빠른 **교과서 연산 6-2**	· 나 혼자 푼다! **수학 문장제 6-1** · 나 혼자 푼다! **수학 문장제 6-2**

'바빠 교과서 연산'과
'나 혼자 문장제'를
함께 풀면
한 학기 수학 완성!

중학 수학까지 연결되는 확률과 통계 끝내기!

징검다리 교육연구소 지음

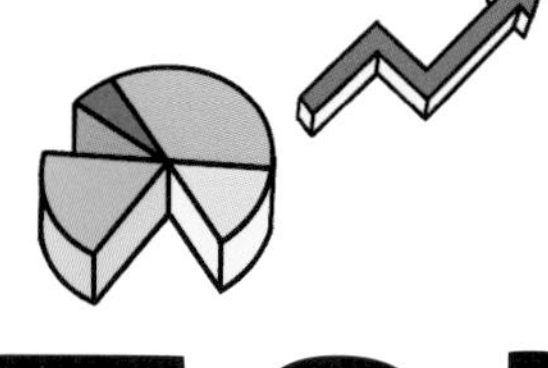

정답 및 풀이

한 권으로 총정리!

- 여러 가지 그래프
- 평균과 가능성
- 경우의 수와 확률

5학년 필독서

이지스에듀

① 정답을 확인한 후 틀린 문제는 ☆표를 쳐 놓으세요~.

② 그런 다음 연습장에 틀린 문제를 옮겨 적으세요.

③ 그리고 그 문제들만 한 번 더 풀어 보세요.

시간은 얼마 걸리지 않아요. 그러나 이때 실력이 확 붙는 거예요.
아는 문제를 여러 번 다시 푸는 건 시간 낭비예요.
내가 틀린 문제만 모아서 풀면 아무리 바쁘더라도
수학 실력을 키울 수 있어요!

01단계 A

15쪽

① 7

② 3

③ 4

01단계 B

16쪽

① 6 ② 5

③ 8 ④ 80

풀이

① 가지고 있는 펜은 모두 30자루이고, 그중 빨간색 펜 10자루, 초록색 펜 3자루, 파란색 펜 11자루를 가지고 있습니다.
➡ (노란색 펜 수)
=(가지고 있는 전체 펜 수)
−(빨간색, 초록색, 파란색 펜 수의 합)
=30−(10+3+11)
=30−24=6(자루)

② 가전용품의 대기전력 총합은 30 W이고, 그중 셋톱박스 11 W, 에어컨 6 W, 컴퓨터 8 W입니다.
➡ (보일러의 대기전력)
=(전체 대기전력)
−(셋톱박스, 에어컨, 컴퓨터의 대기전력의 합)
=30−(11+6+8)
=30−25=5 (W)

③ (동화책을 좋아하는 학생 수)
=(전체 학생 수)
−(과학책, 위인전, 만화책을 좋아하는 학생 수의 합)
=42−(7+12+15)=42−34=8(명)

④ • 3시간 50분=180분+50분=230분
• (화요일에 기타 연습을 한 시간)
=(기타 연습을 한 시간의 총합)
−(월, 목, 금요일에 기타 연습을 한 시간의 합)
=230−(40+60+50)
=230−150=80(분)

01단계 C

17쪽

① 10

② 31

③ 17

풀이

① (인도에 가고 싶은 학생 수)
=(중국에 가고 싶은 학생 수)÷2=6÷2=3(명)
➡ (프랑스에 가고 싶은 학생 수)
=(전체 학생 수)
−(영국, 인도, 중국에 가고 싶은 학생 수의 합)
=30−(11+3+6)=30−20=10(명)

② • (가을을 좋아하는 학생 수)
=(봄을 좋아하는 학생 수)−3
=11−3=8(명)
• (여름을 좋아하는 학생 수)
=(겨울을 좋아하는 학생 수)−4
=8−4=4(명)
➡ (조사한 학생 수)=11+4+8+8=31(명)

③ (라면을 먹고 싶은 학생 수)
=(김밥을 먹고 싶은 학생 수)×3
=5×3=15(명)
➡ (치킨을 먹고 싶은 학생 수)
=(전체 학생 수)
−(김밥, 피자, 라면을 먹고 싶은 학생 수의 합)
=44−(5+7+15)=44−27=17(명)

01단계 도전! 땅 짚고 헤엄치는 문장제 18쪽

① 2명　② 18명　③ 훌라후프　④ 3개

풀이

① 가로 눈금 5칸이 10명을 나타내므로 가로 눈금 한 칸은 $10 \div 5 = 2$(명)을 나타냅니다.

③ 막대의 길이가 길수록 더 많은 학생들이 좋아하는 종목입니다.
➡ 막대의 길이가 가장 긴 종목은 훌라후프입니다.

④ 막대의 길이가 12명보다 더 긴 종목:
훌라후프, 공, 리본 ➡ 3개

02단계 A 20쪽

① 수

② 11

③ 6, 8

풀이

① 기록이 전날보다 좋아진 요일은 그래프의 선이 오른쪽 위로 올라간 요일입니다.
➡ 수요일

② 점수가 전월보다 높아진 때는 그래프의 선이 오른쪽 위로 올라간 때입니다.
➡ 11월

③ 기록이 전날보다 줄어든 날은 그래프의 선이 오른쪽 아래로 내려간 날입니다.
➡ 6일, 8일

02단계 B 21쪽

① 6, 11

② 낮 12, 오후 2

③ 9월과 10월

풀이

① 식물의 키가 가장 많이 자란 때는 그래프의 선이 가장 많이 기울어진 때입니다.
➡ 6일과 11일 사이

02단계  땅 짚고 헤엄치는 문장제 22쪽

① 200개　② 230개　③ 30개　④ 260개

풀이

④ 우유 판매량이 일정하게 늘어나므로, 7월의 우유 판매량은 6월 우유 판매량보다 30개 늘어난 $230 + 30 = 260$(개)입니다.

03

03단계 A
24쪽

①

활동	학원	운동	봉사	합계
학생 수(명)	8	8	4	20
백분율(%)	40	40	20	100

0 10 20 30 40 50 60 70 80 90 100(%)

➡ 학원 (40%) | 운동 (40%) | 봉사 (20%)

②

운동	야구	농구	수영	합계
학생 수(명)	12	5	3	20
백분율(%)	60	25	15	100

0 10 20 30 40 50 60 70 80 90 100(%)

➡ 야구 (60%) | 농구 (25%) | 수영 (15%)

③

종류	문화	역사	과학	합계
권수(권)	25	15	10	50
백분율(%)	50	30	20	100

0 10 20 30 40 50 60 70 80 90 100(%)

➡ 문화 (50%) | 역사 (30%) | 과학 (20%)

④

과목	국어	수학	과학	합계
학생 수(명)	35	40	25	100
백분율(%)	35	40	25	100

0 10 20 30 40 50 60 70 80 90 100(%)

➡ 국어 (35%) | 수학 (40%) | 과학 (25%)

03단계 B
25쪽

①

활동	미국	터키	프랑스	합계
학생 수(명)	45	35	20	100
백분율(%)	45	35	20	100

➡ 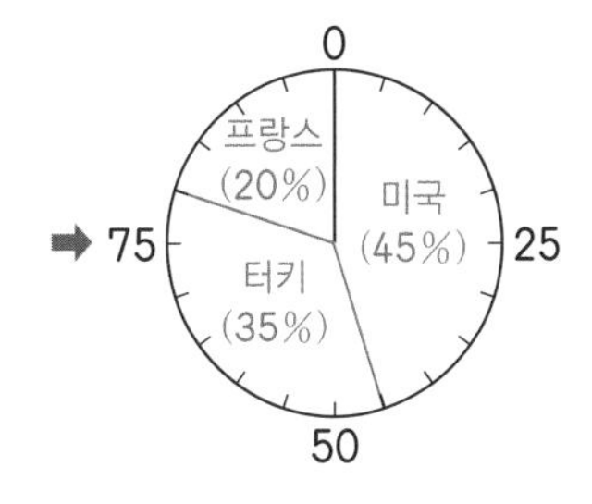

②

색깔	흰색	파란색	초록색	노란색	합계
학생 수(명)	5	20	15	10	50
백분율(%)	10	40	30	20	100

➡ 

③

선물	장난감	시계	책	기타	합계
학생 수(명)	40	30	15	15	100
백분율(%)	40	30	15	15	100

➡ 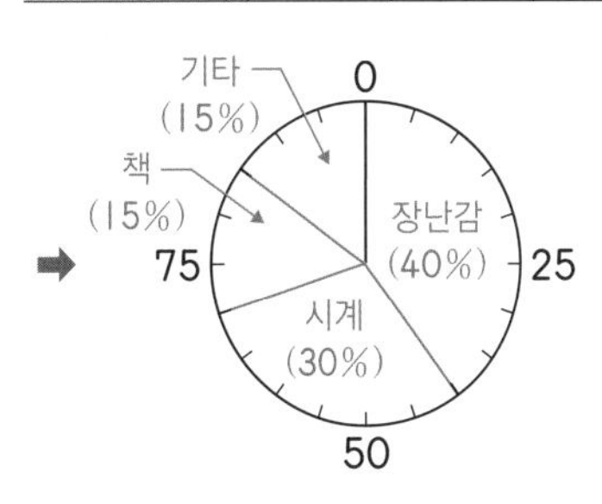

④

간식	떡볶이	치킨	피자	기타	합계
학생 수(명)	81	27	54	18	180
백분율(%)	45	15	30	10	100

➡ 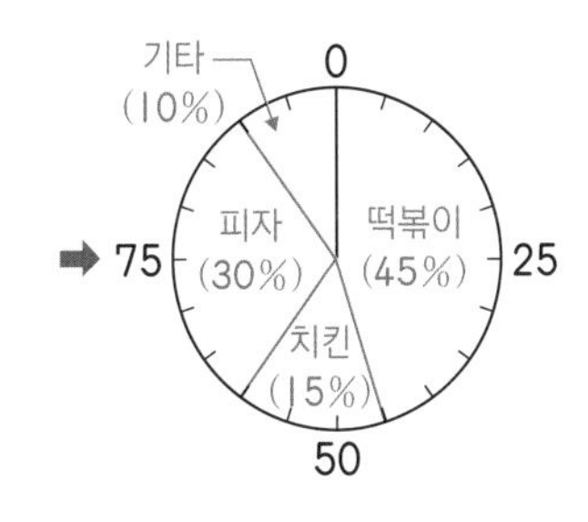

03단계 도전! 땅 짚고 헤엄치는 문장제 26쪽

① 15 %　② 배추　③ 45 %　④ 3배

풀이

① (고추 판매량)=100−(45+30+10)
=100−85=15 (%)

④ 배추 판매량은 고추 판매량의 45÷15=3(배)입니다.

04단계 A 28쪽

①

컴퓨터 이용 시간(시간)	도수(명)
0이상 ~ 5미만	2
5 ~ 10	3
10 ~ 15	5
15 ~ 20	4
20 ~ 25	6
합계	20

②

키(cm)	도수(명)
140이상 ~ 145미만	1
145 ~ 150	4
150 ~ 155	4
155 ~ 160	6
160 ~ 165	5
합계	20

③

국어 점수(점)	도수(명)
50이상 ~ 60미만	3
60 ~ 70	4
70 ~ 80	10
80 ~ 90	5
80 ~ 100	3
합계	25

04단계 B 29쪽

① 5 / 5 / 30　② 10 / 5 / 33

③ 4 / 6 / 35　④ 3 / 6 / 30

04단계  땅 짚고 헤엄치는 문장제 30쪽

① 20분 이상 24분 미만

② 45 kg 이상 50 kg 미만

③ 9명

풀이

② • (몸무게가 50 kg 이상인 학생 수)=3명
• (몸무게가 45 kg 이상인 학생 수)=6+3=9(명)
➡ 몸무게가 무거운 쪽에서 9번째인 학생이 속하는 계급은 45 kg 이상 50 kg 미만입니다.

③ (기록이 14초 이상 15초 미만인 학생 수)
=30−(1+6+8+4+2)
=30−21=9(명)

05단계 종합 문제 31쪽

① 5

② 2

③ 17

풀이

① • 일본어를 배우고 싶은 학생 수: 6명
• 독일어를 배우고 싶은 학생 수: 11명
➡ 11－6＝5(명)

② • 서현이가 먹은 사탕 수: 14개
• 민우가 먹은 사탕 수: 7개
➡ 14÷7＝2(배)

③ (떡을 좋아하는 학생 수)
＝(라면을 좋아하는 학생 수)÷2
＝16÷2＝8(명)
➡ (케이크를 좋아하는 학생 수)
＝(전체 학생 수)
－(라면, 과자, 떡을 좋아하는 학생 수의 합)
＝53－(16＋12＋8)＝53－36＝17(명)

05단계 종합 문제 32쪽

① 5

② 3, 5

③ 2012, 2014

05단계 종합 문제 33쪽

①

컴퓨터 이용 시간(시간)	도수(명)
0이상 ~ 5미만	5
5 ~ 10	6
10 ~ 15	5
15 ~ 20	4
합계	20

②

몸무게(kg)	도수(명)
20이상 ~ 25미만	3
25 ~ 30	4
30 ~ 35	7
35 ~ 40	6
합계	20

③ 5 / 5 / 30

④ 5 / 5 / 28

05단계 종합 문제 34쪽

(　　　)

(　　　)

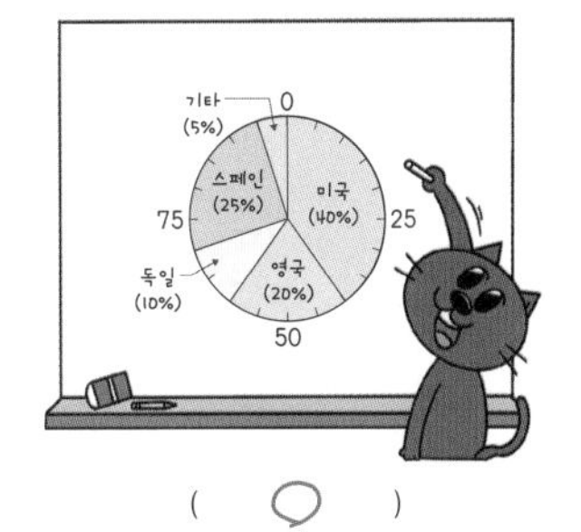

(○)

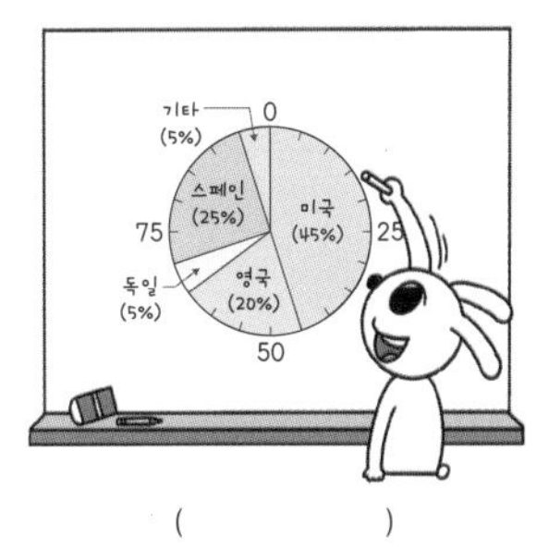

(　　　)

풀이

나라	미국	영국	독일	스페인	기타	합계
학생 수 (명)	80	40	20	50	10	200
백분율 (%)	40	20	10	25	5	100

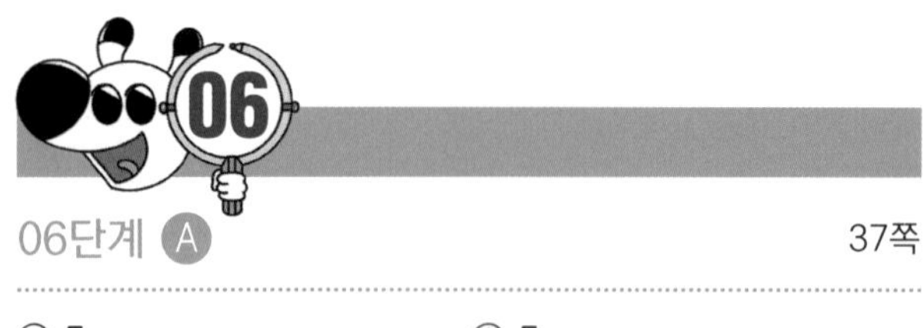

06단계 A

37쪽

① 5 ② 5

③ 4 ④ 25

06단계 B

38쪽

① 5 ② 7

③ 15 ④ 6

06단계 도전! 땅 짚고 헤엄치는 문장제

39쪽

① 8 ② 10권

③ 5 ℃ ④ 5 kg

풀이

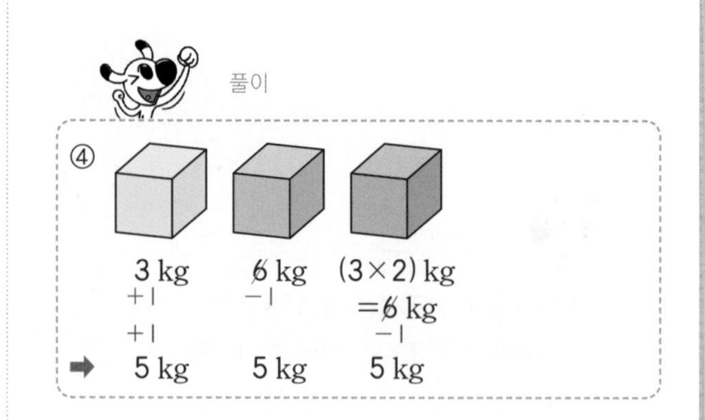

07단계 A

41쪽

① 7, 12, 5, 3 / 24, 3 / 8

② 28, 4, 7 ③ 64, 4, 16

④ 84, 4, 21 ⑤ 48, 4, 12

⑥ 30, 5, 6 ⑦ 45, 5, 9

⑧ 100, 5, 20 ⑨ 85, 5, 17

풀이

② (평균)$=(9+6+5+8)\div4$
$=28\div4=7$

③ (평균)$=(15+13+9+27)\div4$
$=64\div4=16$

④ (평균)$=(14+20+19+31)\div4$
$=84\div4=21$

⑤ (평균)$=(11+13+8+16)\div4$
$=48\div4=12$

⑥ (평균)$=(7+5+6+9+3)\div5$
$=30\div5=6$

⑦ (평균)$=(6+7+6+15+11)\div5$
$=45\div5=9$

⑧ (평균)$=(22+15+19+28+16)\div5$
$=100\div5=20$

⑨ (평균)$=(13+5+22+27+18)\div5$
$=85\div5=17$

07단계 B

42쪽

① $\frac{10+14+9}{3}$, $\frac{33}{3}$, 11

② $\frac{24}{4}$, 6

③ $\frac{105}{5}$, 21

④ $\frac{35}{5}$, 7

⑤ $\frac{510}{6}$, 85

풀이

② (평균)$=\frac{6+6+8+4}{4}=\frac{24}{4}=6$(시간)

③ (평균)$=\frac{20+22+23+19+21}{5}$
$=\frac{105}{5}=21$(명)

④ (평균)$=\frac{5+7+2+9+12}{5}=\frac{35}{5}=7$(개)

⑤ (평균)$=\frac{85+80+85+95+90+75}{6}$
$=\frac{510}{6}=85$(점)

07단계 C

43쪽

① 5회 ② 4개

③ 5개 ④ 12초

풀이

① (평균)$=\frac{7+6+3+4}{4}=\frac{20}{4}=5$(회)

② (평균)$=\frac{2+4+7+3}{4}=\frac{16}{4}=4$(개)

③ (평균)$=\frac{4+7+6+2+6}{5}=\frac{25}{5}=5$(개)

④ (평균)$=\frac{12+10+14+14+10}{5}=\frac{60}{5}=12$(초)

07단계 도전! 땅 짚고 헤엄치는 문장제

44쪽

① 56 g ② 44

③ 40 ④ 80 L

풀이

① (평균)$=\frac{50+60+56+58}{4}=\frac{224}{4}=56$ (g)

② (평균)$=\frac{42+43+44+45+46}{5}=\frac{220}{5}=44$

③ (평균)$=\frac{21+45+63+74+15+22}{6}$

$=\frac{240}{6}=40$

④ (평균)$=\frac{88+72+80}{3}=\frac{240}{3}=80$ (L)

풀이

② (자료 값의 총합)$=16\times3=48$
➡ $48-(11+21)=48-32=16$

③ (자료 값의 총합)$=24\times3=72$
➡ $72-(25+28)=72-53=19$

④ (자료 값의 총합)$=47\times5=235$
➡ $235-(42+48+47+50)$
$=235-187=48$

⑤ (자료 값의 총합)$=15\times5=75$
➡ $75-(12+18+7+20)=75-57=18$

⑥ (자료 값의 총합)$=35\times5=175$
➡ $175-(37+38+27+30)$
$=175-132=43$

⑦ (자료 값의 총합)$=50\times5=250$
➡ $250-(52+58+47+50)$
$=250-207=43$

08단계 A

46쪽

① 13 / 15, 3, 45 / 45, 12, 20, 13

② 16 ③ 19

④ 48 ⑤ 18

⑥ 43 ⑦ 43

08단계 B

47쪽

① 12 / 10, 4, 28, 12

② 4 / 5, 4, 16, 4

③ 22 / 24, 5, 98, 22

④ 35 / 30, 6, 145, 35

08단계 C 48쪽

① 18 / 16

② 220 / 200

③ 50 / 45

풀이

① • (민주의 공 던지기 기록의 평균)

$=\frac{10+18+20+16}{4}=\frac{64}{4}=16\,(\text{m})$

➡ 민주와 서하의 공 던지기 기록의 평균이 같으므로 서하의 공 던지기 기록의 평균도 16 m입니다.

• (서하의 공 던지기 기록의 총합)

$=16\times4=64\,(\text{m})$

➡ $64-(20+14+12)$

$=64-46=18\,(\text{m})$

② • (A 책의 월별 판매량의 평균)

$=\frac{250+200+170+180}{4}=\frac{800}{4}$

$=200$(권)

➡ A 책과 B 책의 월별 판매량의 평균이 같으므로 B 책의 월별 판매량의 평균도 200권입니다.

• (B 책의 월별 판매량의 총합)

$=200\times4=800$(권)

➡ $800-(270+190+120)$

$=800-580=220$(권)

③ • (정호의 요일별 독서 시간의 평균)

$=\frac{40+45+50}{3}=\frac{135}{3}=45$(분)

➡ 정호와 수아의 요일별 독서 시간의 평균이 같으므로 수아의 요일별 독서 시간의 평균도 45분입니다.

• (수아의 요일별 독서 시간의 총합)

$=45\times4=180$(분)

➡ $180-(45+50+35)$

$=180-130=50$(분)

08단계 도전! 땅 짚고 헤엄치는 문장제 49쪽

① 120개 ② 19

③ 68회 ④ 87점

풀이

① (윤아네 모둠의 줄넘기 기록의 총합)

$=120\times3=360$(개)

따라서 은호의 기록은

$360-(90+150)=120$(개)입니다.

② (숫자 카드 5장에 적힌 숫자의 총합)

$=20\times5=100$

따라서 빈 카드에 적힌 숫자는

$100-(27+23+18+13)=19$입니다.

③ • (수호의 훌라후프 돌리기 기록의 평균)

$=\frac{32+50+53}{3}=\frac{135}{3}=45$(회)

• (혜진이의 훌라후프 돌리기 기록의 총합)

$=45\times3=135$(회)

따라서 혜진이의 마지막 훌라후프 기록은

$135-(40+27)=68$(회)입니다.

④ 평균이 92점 이상이 되어야 하므로,

평균을 92점으로 놓고 계산합니다.

(주아가 받은 점수의 총합)$=92\times6=552$(점)

➡ $552-(95+87+92+95+96)=87$(점)

따라서 주아가 마지막 시험에서 87점 이상을 받으면 평균 92점 이상이 됩니다.

09단계 A

51쪽

① 15, $>$, 13

② 188, $<$, 189

③ 90, $>$, 89

풀이

② • (한 주간 만든 식빵 수의 평균)

$=\frac{150+180+210+205+195}{5}$

$=\frac{940}{5}=188$(개)

• (한 주간 만든 크림빵 수의 평균)

$=\frac{165+180+205+220+175}{5}$

$=\frac{945}{5}=189$(개)

➡ 188개 $<$ 189개

③ • (주아의 영어 시험 점수의 평균)

$=\frac{95+85+80+100}{4}$

$=\frac{360}{4}=90$(점)

• (준표의 영어 시험 점수의 평균)

$=\frac{90+80+95+95+85}{5}$

$=\frac{445}{5}=89$(점)

➡ 90점 $>$ 89점

09단계 B

52쪽

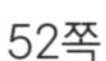

① A 8 B 7, 7

② A 6 B 6, 5

③ A 25, 21 B 20

풀이

① • (민수네 조가 가지고 있는 구슬 수의 평균)

$=\frac{9+7+10+6}{4}=\frac{32}{4}=8$(개)

• (보혜네 조가 가지고 있는 구슬 수의 평균)

$=8-1=7$(개)

• (보혜네 조가 가지고 있는 구슬 수의 총합)

$=7\times4=28$(개)

➡ (근우가 가지고 있는 구슬 수)

$=28-(6+4+11)=7$(개)

② • (민지의 턱걸이 기록의 평균)

$=\frac{6+7+5+6}{4}=\frac{24}{4}=6$(회)

• (예지의 턱걸이 기록의 평균)$=6-1=5$(회)

• (예지의 턱걸이 기록의 총합)$=5\times4=20$(회)

➡ (예지의 3회 턱걸이 기록)

$=20-(3+7+4)=6$(회)

③ • (민휘가 푼 문제집 쪽수의 평균)

$=\frac{15+22+23+20}{4}=\frac{80}{4}=20$(쪽)

• (민재가 푼 문제집 쪽수의 평균)

$=20+1=21$(쪽)

• (민재가 푼 문제집 쪽수의 총합)

$=21\times4=84$(쪽)

➡ (민재가 수요일에 푼 문제집 쪽수)

$=84-(17+20+22)=25$(쪽)

09단계 C

① A 28 B 26, 27

② A 6 B 5, 5

③ A 45, 45 B 44

풀이

① • (4학년 반별 학생 수의 평균)

$=\frac{26+29+30+27}{4}=\frac{112}{4}=28$(명)

• (5학년 반별 학생 수의 평균)

$=28-1=27$(명)

• (5학년 반별 학생 수의 총합)

$=27\times5=135$(명)

➡ (5학년 3반의 학생 수)

$=135-(26+27+29+27)=26$(명)

② • (4학년 반별 안경을 쓴 학생 수의 평균)

$=\frac{5+6+6+7}{4}=\frac{24}{4}=6$(명)

• (5학년 반별 안경을 쓴 학생 수의 평균)

$=6-1=5$(명)

• (5학년 반별 안경을 쓴 학생 수의 총합)

$=5\times5=25$(명)

➡ (5학년 5반의 안경을 쓴 학생 수)

$=25-(4+5+4+7)=5$(명)

③ • (서현이의 요일별 독서 시간의 평균)

$=\frac{50+35+40+45+50}{5}=\frac{220}{5}=44$(분)

• (윤지의 요일별 독서 시간의 평균)

$=44+1=45$(분)

• (윤지의 요일별 독서 시간의 총합)

$=45\times4=180$(분)

➡ (윤지의 수요일 독서 시간)

$=180-(50+40+45)=45$(분)

09단계 도전! 땅 짚고 헤엄치는 문장제

① 39회 ② 경수네 모둠 ③ 19

풀이

① • (수미의 평균) $=\frac{175+145+205}{3}$

$=\frac{525}{3}=175$(회)

• (연우의 평균) $=\frac{148+150+110}{3}$

$=\frac{408}{3}=136$(회)

➡ 수미는 연우보다 훌라후프 돌리기 기록의 평균이 $175-136=39$(회) 더 많습니다.

② • (수지네 모둠의 평균) $=\frac{5+9+1+3+2}{5}$

$=\frac{20}{5}=4$(초)

• (경수네 모둠의 평균) $=\frac{6+6+8+4}{4}$

$=\frac{24}{4}=6$(초)

➡ 평균을 비교했을 때, 경수네 모둠이 더 잘했다고 볼 수 있습니다.

③ • (경희가 뽑은 숫자 카드의 평균)

$=\frac{16+20+15}{3}=\frac{51}{3}=17$

• (율이가 뽑은 숫자 카드의 평균)

=(경희가 뽑은 숫자 카드의 평균)$-2=15$

• (율이가 뽑은 숫자 카드의 총합)$=15\times3=45$

➡ (율이가 마지막에 뽑은 숫자 카드에 적힌 숫자)

$=45-(17+9)=19$

10단계 Ⓐ 56쪽

① $\frac{19.5\times4+16\times3}{4+3}$, $\frac{78+48}{7}$, $\frac{126}{7}$, 18

② $\frac{96+80}{8}$, $\frac{176}{8}$, 22

③ 45

④ 32

풀이

③ $(\text{평균})=\frac{(50\times3)+(42\times5)}{3+5}$
$=\frac{150+210}{8}=\frac{360}{8}=45(\text{분})$

④ $(\text{평균})=\frac{(16\times2)+(40\times4)}{2+4}$
$=\frac{32+160}{6}=\frac{192}{6}=32(\text{분})$

10단계 Ⓑ 57쪽

① 14살

② 152.5 cm

③ 83.4점

④ 15살

풀이

① (전체 회원의 평균 나이)
$=\frac{(12\times8)+(15\times16)}{8+16}$
$=\frac{96+240}{24}=\frac{336}{24}=14(\text{살})$

② (전체 학생의 평균 키)
$=\frac{(154\times10)+(150\times6)}{10+6}$
$=\frac{1540+900}{16}=\frac{2440}{16}=152.5\,(\text{cm})$

③ (전체 조원의 평균 점수)
$=\frac{(81\times5)+(87\times4)+(83\times6)}{5+4+6}$
$=\frac{405+348+498}{15}=\frac{1251}{15}=83.4(\text{점})$

④ (전체 조원의 평균 나이)
$=\frac{(13\times5)+(16\times5)+(16\times5)}{5+5+5}$
$=\frac{65+80+80}{15}=\frac{225}{15}=15(\text{살})$

10단계 도전! 땅 짚고 헤엄치는 문장제 58쪽

① 17살 ② 89.5점 ③ 142 cm ④ 36 kg

풀이

① (두 모임 회원의 나이의 평균)

$=\frac{(18\times10)+(15\times5)}{10+5}$

$=\frac{180+75}{15}=\frac{255}{15}=17$(살)

② (두 학생의 시험 점수의 평균)

$=\frac{(86\times2)+(93\times2)}{2+2}$

$=\frac{172+186}{4}=\frac{358}{4}=89.5$(점)

③ (여섯 사람의 키의 평균)

$=\frac{(145\times4)+(136\times2)}{4+2}$

$=\frac{580+272}{6}=\frac{852}{6}=142$ (cm)

④ (정훈이네 반 전체 학생의 몸무게의 평균)

$=\frac{(38\times12)+(33\times8)}{12+8}$

$=\frac{456+264}{20}=\frac{720}{20}=36$ (kg)

풀이

① (5월 단원 평가의 총점)

=(4월 단원 평가의 총점)+1×4 (1: 늘어난 평균 점수, 4: 과목)

➡ (5월의 과학 점수)=(4월의 과학 점수)+4

=72+4=76(점)

② (2학기 제기차기 기록의 총합)

=(1학기 제기차기 기록의 총합)+1×5

➡ (2학기 5회 제기차기 기록)

=(1학기 5회 제기차기 기록)+5

=4+5=9(개)

③ (2회 훌라후프 돌리기 기록의 총합)

=(1회 훌라후프 돌리기 기록의 총합)+1×4

➡ (2회 정호의 기록)=(1회 정호의 기록)+4

=46+4=50(회)

④ (1주차에 읽은 동화책 쪽수의 총합)

=(2주차에 읽은 동화책 쪽수의 총합)−1×5

➡ (1주차 금요일에 읽은 쪽수)

=(2주차 금요일에 읽은 쪽수)−5

=48−5=43(쪽)

11단계 A 60쪽

① 76

② 9

③ 50

④ 43

11단계 B 61쪽

① 96

② 14

③ 2

④ 18

풀이

① (기말고사의 총점)=(중간고사의 총점)+2×4

➡ (기말고사 수학 점수)

=(중간고사 수학 점수)+8=88+8=96(점)

② (4월 팔굽혀펴기 기록의 총합)

=(3월 팔굽혀펴기 기록의 총합)+2×5

➡ (4월 남길이의 기록)=(3월 남길이의 기록)+10

=4+10=14(회)

③ (1학기 수행 평가의 총점)

=(2학기 수행 평가의 총점)−2×4

➡ (1학기 미술 수행 평가 점수)

=(2학기 미술 수행 평가 점수)−8

=10−8=2(점)

④ (6월 동아리 회원 수의 총합)

=(5월 동아리 회원 수의 총합)+2×6

➡ (6월 테니스 동아리의 회원 수)

=(5월 테니스 동아리의 회원 수)+12

=6+12=18(명)

11단계 C 62쪽

① A 87 B 92, 88

② A 16 B 20, 17

③ A 34 B 39, 35

풀이

① • (네 과목 점수의 평균)$=\frac{88+85+92+83}{4}$

$=\frac{348}{4}=87$(점)

• (다섯 과목 점수의 평균)=87+1=88(점)

➡ (사회 점수)=87+1×5=92(점)

② • (3일동안 푼 쪽수의 평균)$=\frac{14+16+18}{3}$

$=\frac{48}{3}=16$(쪽)

• (4일동안 푼 쪽수의 평균)=16+1=17(쪽)

➡ (목요일에 푼 쪽수)=16+1×4=20(쪽)

③ • (회원 4명의 몸무게의 평균)

$=\frac{31+35+38+32}{4}=\frac{136}{4}=34$ (kg)

• (회원 5명의 몸무게의 평균)=34+1=35 (kg)

➡ (준규의 몸무게)=34+1×5=39 (kg)

11단계  땅 짚고 헤엄치는 문장제 63쪽

① 86점 ② 160 cm ③ 17권

풀이

① (6월 단원 평가 점수의 총합)

=(5월 단원 평가 점수의 총합)+2×4

➡ (6월 수학 점수)=(5월 수학 점수)+8

=78+8=86(점)

② (상호의 키)=145+3×5

=145+15=160 (cm)

③ (1월부터 4월까지 읽은 책의 수의 평균)

$=\frac{11+16+13+8}{4}=\frac{48}{4}=12$(권)

➡ (5월에 읽어야 하는 책의 수)

=12+1×5=12+5=17(권)

12단계 종합 문제 64쪽

① 9 ② 11

③ 15 ④ 11

⑤ 15 ⑥ 18

⑦ 21 ⑧ 26

⑨ 53 ⑩ 76

풀이

① (평균)$=\frac{8+15+4}{3}=\frac{27}{3}=9$

② (평균)$=\frac{15+10+8}{3}=\frac{33}{3}=11$

③ (평균)$=\frac{19+10+16}{3}=\frac{45}{3}=15$

④ (평균)$=\frac{7+10+16}{3}=\frac{33}{3}=11$

⑤ (평균)$=\frac{25+18+10+7}{4}=\frac{60}{4}=15$

⑥ (평균)$=\frac{10+7+23+32}{4}=\frac{72}{4}=18$

⑦ (평균)$=\frac{14+20+19+31}{4}=\frac{84}{4}=21$

⑧ (평균)$=\frac{6+37+16+45}{4}=\frac{104}{4}=26$

⑨ (평균)$=\frac{25+55+102+30}{4}=\frac{212}{4}=53$

⑩ (평균)$=\frac{1+200+100+3}{4}=\frac{304}{4}=76$

12단계 종합 문제 65쪽

① 31 ② 13

③ 41 ④ 28

⑤ 9 ⑥ 55

⑦ 55 ⑧ 27

풀이

① (자료 값의 총합)$=20\times3=60$
➡ $60-(12+17)=60-29=31$

② (자료 값의 총합)$=15\times3=45$
➡ $45-(12+20)=45-32=13$

③ (자료 값의 총합)$=44\times4=176$
➡ $176-(45+43+47)=176-135=41$

④ (자료 값의 총합)$=36\times4=144$
➡ $144-(39+45+32)=144-116=28$

⑤ (자료 값의 총합)$=9\times5=45$
➡ $45-(8+10+7+11)=45-36=9$

⑥ (자료 값의 총합)$=53\times5=265$
➡ $265-(63+33+72+42)=265-210=55$

⑦ (자료 값의 총합)$=56\times5=280$
➡ $280-(61+57+55+52)=280-225=55$

⑧ (자료 값의 총합)$=35\times5=175$
➡ $175-(37+38+43+30)=175-148=27$

12단계 종합 문제 66쪽

① 89, >, 87

② 230, >, 228

③ 14, <, 15

풀이

① • (수호의 과목별 점수 평균)

$=\frac{78+94+88+96}{4}=\frac{356}{4}=89$(점)

• (우재의 과목별 점수 평균)

$=\frac{88+80+85+95}{4}=\frac{348}{4}=87$(점)

➡ 89점 (>) 87점

② • (진우네 모둠의 한글 타자 기록의 평균)

$=\frac{230+186+242+262}{4}$

$=\frac{920}{4}=230$(타)

• (민재네 모둠의 한글 타자 기록의 평균)

$=\frac{240+256+206+210}{4}$

$=\frac{912}{4}=228$(타)

➡ 230타 (>) 228타

③ • (영재네 동아리 학생들의 나이의 평균)

$=\frac{14+13+12+15+16}{5}=\frac{70}{5}=14$(살)

• (명호네 동아리 학생들의 나이의 평균)

$=\frac{16+13+17+14}{4}=\frac{60}{4}=15$(살)

➡ 14살 (<) 15살

12단계 종합 문제 67쪽

① 43 kg

② 154 cm

③ 6200원

④ 13개

풀이

① (전체 학생의 평균 몸무게)

$=\frac{(45\times12)+(40\times8)}{12+8}$

$=\frac{540+320}{20}=\frac{860}{20}=43$ (kg)

② (전체 학생의 평균 키)

$=\frac{(156\times10)+(152\times10)}{10+10}$

$=\frac{1560+1520}{20}=\frac{3080}{20}=154$ (cm)

③ (두 사람의 평균 사용 금액)

$=\frac{(7000\times6)+(5600\times8)}{6+8}$

$=\frac{42000+44800}{14}=\frac{86800}{14}=6200$(원)

④ (두 모임 회원의 평균 제기차기 기록)

$=\frac{(18\times12)+(9\times15)}{12+15}$

$=\frac{216+135}{27}=\frac{351}{27}=13$(개)

12단계 종합 문제 68쪽

① 13

② 93

풀이

① (B조의 기록의 총합)
=(A조의 기록의 총합)-1×4
➡ (민주의 기록)=(주희의 기록)-4
$=17-4=13$(초)

② (세 과목 점수의 평균)
$=\frac{90+86+91}{3}=\frac{267}{3}=89$(점)
➡ (과학 점수)$=89+1\times4=93$(점)

13단계 B

72쪽

① 반반이다

② 확실하다

③ ~일 것 같다

④ 확실하다

⑤ 불가능하다

⑥ ~아닐 것 같다

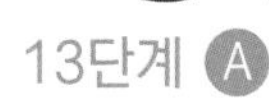

13단계 A

71쪽

① '~아닐 것 같다'에 ○ 표 ② '반반이다'에 ○ 표

③ '~일 것 같다'에 ○ 표 ④ '불가능하다'에 ○ 표

⑤ '반반이다'에 ○ 표 ⑥ '확실하다'에 ○ 표

풀이

① 1부터 6까지의 눈의 수 중 1이 나올 가능성은 '반반이다'보다 낮으므로 '~아닐 것 같다'입니다.

② 번호표의 숫자는 홀수 또는 짝수이므로 번호표의 번호가 홀수일 가능성은 '반반이다'입니다.

③ • 2의 배수: 2, 4, 6
• 3의 배수: 3, 6
→ 2, 3, 4, 6
➡ 1부터 6까지의 눈의 수중 2, 3, 4, 6이 나올 가능성은 '~일 것 같다'입니다.

⑤ 2장의 카드 중 한 장의 카드가 나올 가능성은 '반반이다'입니다.

13단계 C

73쪽

① 확실하다 ② 반반이다

③ 반반이다 ④ 불가능하다

⑤ ~아닐 것 같다

풀이

① 빨간 구슬만 3개 있는 주머니에서 빨간 구슬이 나올 가능성은 반드시 일어날 일로 '확실하다'입니다.

② 빨간 구슬 2개, 파란 구슬 2개 중 빨간 구슬이 나올 가능성은 '반반이다'입니다.

③ 빨간 구슬 1개, 노란 구슬 1개 중 빨간 구슬이 나올 가능성은 '반반이다'입니다.

④ 파란 구슬만 3개 있는 주머니에서 빨간 구슬을 꺼낼 수 없으므로 빨간 구슬이 나올 가능성은 '불가능하다'입니다.

⑤ 빨간 구슬 2개, 노란 구슬 2개, 파란 구슬 1개 중 빨간 구슬이 나올 가능성은 '~아닐 것 같다'입니다.

13단계  도전! 땅 짚고 헤엄치는 문장제 74쪽

① 반반이다, 반반이다 ② 불가능하다

③ ~일 것 같다 ④ 반반이다

풀이

① 동전은 그림 면 또는 숫자 면이 나올 수 있습니다. 따라서 그림 면이 나올 가능성과 숫자 면이 나올 가능성은 모두 '반반이다'입니다.

② 초록 공만 들어 있는 주머니에서 주황 공을 꺼낼 수 없으므로 꺼낸 공이 주황색일 가능성은 '불가능하다'입니다.

③ 4장의 카드 중 짝수는 2, 4, 6으로 3장입니다. 따라서 짝수가 적힌 카드를 뽑을 가능성은 '~일 것 같다'입니다.

④ 4개 중 당첨 제비가 2개이므로 당첨 제비를 뽑을 가능성은 '반반이다'입니다.

풀이

① 동전을 던지면 숫자 면이 나올 가능성은 반반이므로 $\frac{1}{2}$입니다.

② 확실하게 일어날 일이므로 가능성은 1입니다.

③ 주사위를 던져 짝수의 눈이 나올 가능성은 반반이므로 $\frac{1}{2}$입니다.

④ 곰이 사람이 되는 것은 불가능한 일이므로 가능성은 0입니다.

⑤ 확실하게 일어날 일이므로 가능성은 1입니다.

⑥ 정답이 ○ 또는 ×로 정답이 ×일 가능성이 반반이므로 $\frac{1}{2}$입니다.

14단계 A 76쪽

① $\frac{1}{2}$ ② 1

③ $\frac{1}{2}$ ④ 0

⑤ 1 ⑥ $\frac{1}{2}$

14단계 B 77쪽

① $\frac{1}{2}$ ② 0

③ $\frac{1}{2}$ ④ 1

⑤ $\frac{1}{2}$ ⑥ $\frac{1}{2}$

풀이

① 파란색과 빨간색이 반반으로 화살이 파란색에 멈출 가능성은 $\frac{1}{2}$입니다.

② 파란색이 없으므로 화살이 파란색에 멈추는 것은 불가능한 일입니다. 따라서 가능성은 0입니다.

③ 파란색과 노란색이 반반으로 화살이 파란색에 멈출 가능성은 $\frac{1}{2}$입니다.

④ 전체가 파란색으로 화살은 반드시 파란색에 멈추게 됩니다. 따라서 가능성은 1입니다.

⑤ 파란색과 빨간색이 반반으로 화살이 파란색에 멈출 가능성은 $\frac{1}{2}$입니다.

⑥ 파란색과 초록색이 반반으로 화살이 파란색에 멈출 가능성은 $\frac{1}{2}$입니다.

14단계 C 78쪽

① $\frac{1}{2}$ ② 0

③ 1 ④ $\frac{1}{2}$

⑤ $\frac{1}{2}$

풀이

① 파란 공과 흰 공이 각각 3개로, 파란 공을 꺼낼 가능성은 $\frac{1}{2}$입니다.

② 빨간 공만 5개이므로 파란 공을 꺼내는 것은 불가능합니다. 따라서 가능성은 0입니다.

③ 파란 공만 7개이므로 꺼낸 공은 반드시 파란색입니다. 따라서 가능성은 1입니다.

④ 파란 공과 노란 공이 각각 5개로, 파란 공을 꺼낼 가능성은 $\frac{1}{2}$입니다.

⑤ 파란 공과 파란색이 아닌 색 공이 각각 2개로, 파란 공을 꺼낼 가능성은 $\frac{1}{2}$입니다.

14단계  도전! 땅 짚고 헤엄치는 문장제 79쪽

① 0 ② $\frac{1}{2}$

③ $\frac{1}{2}$ ④ $\frac{1}{2}$

풀이

① 1번부터 8번까지 적힌 번호표에서 10번 번호표를 꺼내는 일은 불가능하므로 가능성은 0입니다.

② 4장의 지폐 중 천 원짜리 지폐가 2장으로, 천 원짜리 지폐를 꺼낼 가능성은 $\frac{1}{2}$입니다.

③ 6장의 카드 중 노란 카드가 3장으로, 노란 카드를 뽑을 가능성은 $\frac{1}{2}$입니다.

④ 6개의 구슬 중 노란 구슬이 3개로, 노란색이 아닌 구슬은 3개입니다. 따라서 노란색이 아닌 구슬을 꺼낼 가능성은 $\frac{1}{2}$입니다.

15단계 A 81쪽

① ( ) (◯)

② (◯) ( )

③ ( ) (◯)

④ ( ) (◯)

풀이

① • 2월보다 3월이 더 빨리 오는 일은 '불가능하다' 입니다.
• 이웃집에 강아지가 있을 가능성은 '반반이다' 입니다.

② • 오늘이 화요일이면 내일이 수요일일 가능성은 '확실하다' 입니다.
• 동전을 던져 숫자 면이 나올 가능성은 '반반이다' 입니다.

③ • 콜라와 사이다 중에서 사이다를 마실 가능성은 '반반이다' 입니다.
• 올해 12살이므로 내년에 13살이 될 가능성은 '확실하다' 입니다.

④ • 내년 12월 달력에 날짜가 33일까지 있을 가능성은 '불가능하다' 입니다.
• 주사위를 던져 짝수의 눈이 나올 가능성은 '반반이다' 입니다.

15단계 B 82쪽

① 나, 다, 가

② 라, 나, 가, 다

③ 다, 가, 나

풀이

① • 가: 불가능하다
• 나: 확실하다
• 다: 반반이다
➡ 나, 다, 가

② • 가: ~아닐 것 같다
• 나: 반반이다
• 다: 불가능하다
• 라: ~일 것 같다
➡ 라, 나, 가, 다

③ • 가: ~일 것 같다
• 나: 반반이다
• 다: 확실하다
➡ 다, 가, 나

15단계 C 83쪽

① 빨간색 ② 초록색

③ 노란색 ④ 파란색

⑤ 주황색 ⑥ 빨간색

15단계  땅 짚고 헤엄치는 문장제 84쪽

① 경민

② 노란색

③ 빨간색, 노란색, 파란색

풀이

① • 연주: 반반이다
  • 경민: 확실하다

② 더 넓은 부분에 칠해진 색일수록 화살이 멈출 가능성이 높습니다.
  ➡ 화살이 노란색에 멈출 가능성이 더 높으므로 회전판의 가는 노란색입니다.

③ • 화살이 빨간색에 멈출 가능성이 가장 높다.
  ➡ 빨간색이 가장 넓은 칸에 칠해져 있다.
  ➡ 빨강: 가
  • 화살이 파란색에 멈출 가능성은 노란색에 멈출 가능성의 3배이다.
  ➡ 파란색이 더 넓은 칸에 칠해져 있다.
  ➡ 파랑: 다, 노랑: 나

16단계 A

86쪽

① $\frac{1}{4}$ ② $\frac{3}{4}$

③ $\frac{5}{6}$ ④ $\frac{1}{6}$

⑤ $\frac{1}{3}$ ⑥ $\frac{2}{3}$

풀이

① 4칸 중 노란색이 1칸입니다. ➡ $\frac{1}{4}$

② 4칸 중 노란색이 3칸입니다. ➡ $\frac{3}{4}$

③ 6칸 중 노란색이 5칸입니다. ➡ $\frac{5}{6}$

④ 6칸 중 노란색이 1칸입니다. ➡ $\frac{1}{6}$

⑤ 6칸 중 노란색이 2칸입니다. ➡ $\frac{2}{6}=\frac{1}{3}$

⑥ 6칸 중 노란색이 4칸입니다. ➡ $\frac{4}{6}=\frac{2}{3}$

16단계 B

87쪽

① $\frac{1}{6}$ ② $\frac{1}{2}$

③ $\frac{1}{2}$ ④ $\frac{2}{3}$

⑤ $\frac{1}{2}$ ⑥ $\frac{1}{3}$

⑦ $\frac{1}{2}$ ⑧ 1

풀이

① 주사위를 던져 나올 수 있는 모든 경우는 6가지이고, 3이 나오는 경우는 1가지입니다. ➡ $\frac{1}{6}$

② 2의 배수가 나오는 경우는 2, 4, 6으로 3가지입니다. ➡ $\frac{3}{6}=\frac{1}{2}$

③ 4의 약수가 나오는 경우는 1, 2, 4로 3가지입니다.
  ➡ $\frac{3}{6}=\frac{1}{2}$

④ 6의 약수가 나오는 경우는 1, 2, 3, 6으로 4가지입니다. ➡ $\frac{4}{6}=\frac{2}{3}$

⑤ 2 이상 4 이하의 수가 나오는 경우는 2, 3, 4로 3가지입니다. ➡ $\frac{3}{6}=\frac{1}{2}$

⑥ 4보다 큰 수가 나오는 경우는 5, 6으로 2가지입니다. ➡ $\frac{2}{6}=\frac{1}{3}$

⑦ 3 이상 6 미만의 수가 나오는 경우는 3, 4, 5로 3가지입니다. ➡ $\frac{3}{6}=\frac{1}{2}$

⑧ 1의 배수가 나오는 경우는 1, 2, 3, 4, 5, 6으로 6가지입니다. ➡ $\frac{6}{6}=1$

16단계 C 88쪽

① $\frac{3}{10}$ ② $\frac{2}{5}$

③ $\frac{1}{5}$ ④ $\frac{2}{5}$

⑤ $\frac{1}{2}$ ⑥ $\frac{3}{5}$

⑦ $\frac{1}{5}$

풀이

① 3의 배수를 뽑는 경우는 3, 6, 9로 3가지입니다. ➡ $\frac{3}{10}$

② 10의 약수를 뽑는 경우는 1, 2, 5, 10으로 4가지입니다. ➡ $\frac{4}{10}=\frac{2}{5}$

③ 7의 약수를 뽑는 경우는 1, 7로 2가지입니다. ➡ $\frac{2}{10}=\frac{1}{5}$

④ 8의 약수를 뽑는 경우는 1, 2, 4, 8로 4가지입니다. ➡ $\frac{4}{10}=\frac{2}{5}$

⑤ 2 이상 7 미만인 수를 뽑는 경우는 2, 3, 4, 5, 6으로 5가지입니다. ➡ $\frac{5}{10}=\frac{1}{2}$

⑥ 4 초과 10 이하인 수를 뽑는 경우는 5, 6, 7, 8, 9, 10으로 6가지입니다. ➡ $\frac{6}{10}=\frac{3}{5}$

⑦ 6의 약수(1, 2, 3, 6) 중 짝수를 뽑는 경우는 2, 6으로 2가지입니다. ➡ $\frac{2}{10}=\frac{1}{5}$

16단계 D 89쪽

① 나, 가

② 가, 나

③ 가, 나, 다

④ 다, 가, 나

풀이

① • 가: $\frac{1}{3}$
• 나: $\frac{2}{5}$
➡ 나, 가

② • 가: $\frac{4}{6}=\frac{2}{3}$
• 나: $\frac{2}{5}$
➡ 가, 나

③ • 가: $\frac{1}{2}$
• 나: $\frac{2}{5}$
• 다: $\frac{2}{6}=\frac{1}{3}$
➡ 가, 나, 다

④ • 가: $\frac{2}{4}=\frac{1}{2}$
• 나: 0
• 다: $\frac{3}{5}$
➡ 다, 가, 나

16단계 도전! 땅 짚고 헤엄치는 문장제 90쪽

① $\frac{1}{3}$ ② 1

③ 세모 ④ 5개

풀이

① • 주사위를 던져 나올 수 있는 모든 경우:
1, 2, 3, 4, 5, 6 ➡ 6가지
• 눈의 수가 3의 약수인 경우: 1, 3 ➡ 2가지
➡ $\frac{2}{6}=\frac{1}{3}$

② 흰 돌과 검은 돌이 각각 1개씩 있으므로
(꺼낸 돌이 흰색일 가능성)
=(꺼낸 돌이 검은색일 가능성)=$\frac{1}{2}$입니다.
➡ $\frac{1}{2}+\frac{1}{2}=1$

③ 세모가 그려진 카드의 수를 $\square$장이라고 하면
(세모가 그려진 카드를 뽑을 가능성)
$=\frac{(\text{세모가 그려진 카드의 수})}{(\text{모든 카드의 수})}=\frac{\square}{6}=\frac{1}{2}$입니다.
➡ $\frac{1}{2}=\frac{3}{6}$, $\square=3$
세모가 그려진 카드가 3장이 되어야 하므로 빈 카드에 들어갈 모양은 세모입니다.

④ 검은 구슬의 개수를 $\square$개라고 하면,
(꺼낸 구슬이 흰 색일 가능성)
$=\frac{(\text{흰 구슬의 개수})}{(\text{모든 구슬의 개수})}=\frac{3}{(3+4+\square)}$
$=\frac{1}{4}$입니다.
➡ $\frac{3}{(3+4+\square)}=\frac{3}{7+\square}$, $\frac{1}{4}=\frac{3}{12}$이므로
$\frac{3}{7+\square}=\frac{3}{12}$, $\square=5$입니다.

17단계 종합 문제 91쪽

① 확실하다 ② 반반이다

③ 불가능하다 ④ ~아닐 것 같다

⑤ ~일 것 같다 ⑥ ~아닐 것 같다

풀이

① 빨간 구슬만 2개 있으므로 빨간 구슬이 나올 가능성은 '확실하다' 입니다.

② 빨간 구슬 2개, 초록 구슬 2개 중 빨간 구슬이 나올 가능성은 '반반이다' 입니다.

③ 빨간 구슬이 없으므로 빨간 구슬이 나올 가능성은 '불가능하다' 입니다.

④ 빨간 구슬 1개, 빨간 구슬이 아닌 구슬 3개 중 빨간 구슬이 나올 가능성은 '~아닐 것 같다' 입니다.

⑤ 빨간 구슬 3개, 노란 구슬 1개 중 빨간 구슬이 나올 가능성은 '~일 것 같다' 입니다.

⑥ 빨간 구슬 1개, 빨간 구슬이 아닌 구슬 2개 중 빨간 구슬이 나올 가능성은 '~아닐 것 같다' 입니다.

17단계 종합 문제 92쪽

① 가, 다, 나

② 다, 나, 가, 라

③ 빨간색 ④ 초록색

풀이

① • 가: 확실하다
• 나: ~아닐 것 같다
• 다: 반반이다
➡ 가, 다, 나

② • 가: ~아닐 것 같다
• 나: 반반이다
• 다: ~일 것 같다
• 라: 불가능하다
➡ 다, 나, 가, 라

17단계 종합 문제 93쪽

① $\frac{1}{2}$ ② $\frac{1}{2}$

③ $\frac{1}{2}$ ④ $\frac{1}{4}$

⑤ $\frac{1}{3}$ ⑥ $\frac{1}{6}$

풀이

① 파란색과 초록색이 반반입니다. ➡ $\frac{1}{2}$

② 파란색과 노란색이 반반입니다. ➡ $\frac{1}{2}$

③ 6칸 중 파란색이 3칸입니다. ➡ $\frac{3}{6}=\frac{1}{2}$

④ 4칸 중 파란색이 1칸입니다. ➡ $\frac{1}{4}$

⑤ 6칸 중 파란색이 2칸입니다. ➡ $\frac{2}{6}=\frac{1}{3}$

⑥ 6칸 중 파란색이 1칸입니다. ➡ $\frac{1}{6}$

17단계 종합 문제 94쪽

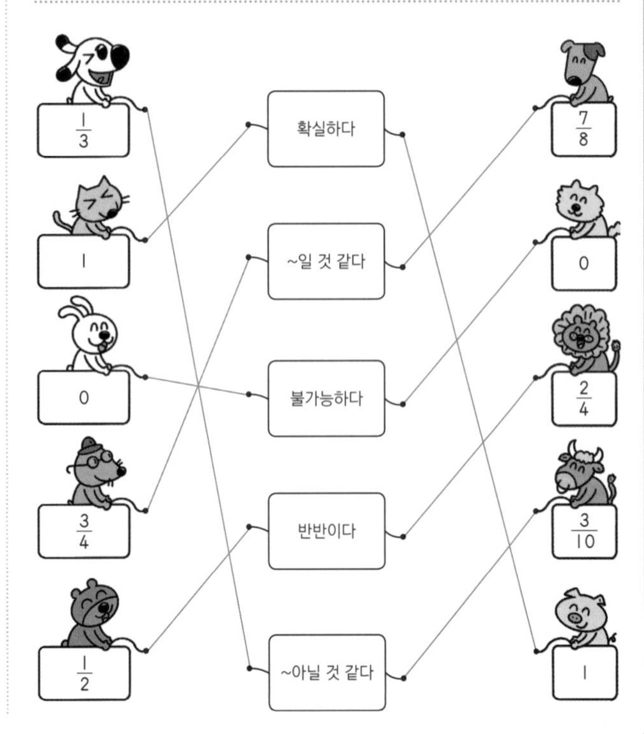

18단계 A

97쪽

① 2
② 2
③ 3
④ 2
⑤ 2
⑥ 3
⑦ 1
⑧ 5
⑨ 5
⑩ 4

풀이

① 3보다 작은 눈: 1, 2 ➡ 2가지

② 4보다 큰 눈: 5, 6 ➡ 2가지

③ 홀수의 눈: 1, 3, 5 ➡ 3가지

④ 3의 배수의 눈: 3, 6 ➡ 2가지

⑤ 5의 배수: 5, 10 ➡ 2가지

⑥ 8 이상의 수: 8, 9, 10 ➡ 3가지

⑦ 10 이상의 수: 10 ➡ 1가지

⑧ 3 초과 8 이하의 수: 4, 5, 6, 7, 8 ➡ 5가지

⑨ 짝수: 2, 4, 6, 8, 10 ➡ 5가지

⑩ 소수: 2, 3, 5, 7 ➡ 4가지

18단계 B

98쪽

① 2
② 2
③ 2
④ 3

풀이

①

100원(개)	50원(개)
1	0
0	2

➡ 2가지

②

100원(개)	50원(개)
2	0
1	2

➡ 2가지

③

100원(개)	50원(개)
2	1
1	3

➡ 2가지

④

100원(개)	50원(개)
3	0
2	2
1	4

➡ 3가지

18단계 C

99쪽

① 2
② 3
③ 5
④ 5
⑤ 3
⑥ 6
⑦ 2

풀이

① 합이 3이 되는 경우: (1, 2), (2, 1) ➡ 2가지

② 합이 4가 되는 경우: (1, 3), (2, 2), (3, 1) ➡ 3가지

③ 합이 6이 되는 경우:
(1, 5), (2, 4), (3, 3), (4, 2), (5, 1) ➡ 5가지

④ 합이 8이 되는 경우:
(2, 6), (3, 5), (4, 4), (5, 3), (6, 2) ➡ 5가지

⑤ 합이 10이 되는 경우: (4, 6), (5, 5), (6, 4)
➡ 3가지

⑥ 차가 3이 되는 경우:
(1, 4), (2, 5), (3, 6), (4, 1), (5, 2), (6, 3)
➡ 6가지

⑦ 차가 5가 되는 경우: (1, 6), (6, 1) ➡ 2가지

18단계 도전! 땅 짚고 헤엄치는 문장제 100쪽

① 6가지 ② 3가지 ③ 6가지 ④ 10가지

풀이

① 3의 배수: 3, 6, 9, 12, 15, 18 ➡ 6가지

②

100원(개)	50원(개)
5	2
4	4
3	6

➡ 3가지

③ 합이 7이 되는 경우:
(1, 6), (2, 5), (3, 4), (4, 3), (5, 2), (6, 1)
➡ 6가지

④ 차가 1이 되는 경우: (1, 2), (2, 1), (2, 3), (3, 2), (3, 4), (4, 3), (4, 5), (5, 4), (5, 6), (6, 5)
➡ 10가지

19단계 A 102쪽

① 3, 4, 7

② 2, 3, 5

③ 3, 3, 6

19단계 B 103쪽

① 2, 2, 4 ② 5, 3, 8

③ 3, 1, 4 ④ 4, 1, 5

⑤ 4, 1, 5 ⑥ 5, 5, 10

풀이

① • 4의 배수: 4, 8 → 2가지
• 5의 배수: 5, 10 → 2가지
➡ 2+2=4(가지)

② • 2의 배수: 2, 4, 6, 8, 10 → 5가지
• 9의 약수: 1, 3, 9 → 3가지
➡ 5+3=8(가지)

③ • 3의 배수: 3, 6, 9 → 3가지
• 7의 배수: 7 → 1가지
➡ 3+1=4(가지)

④ • 6의 약수: 1, 2, 3, 6 → 4가지
• 8의 배수: 8 → 1가지
➡ 4+1=5(가지)

⑤ • 소수: 2, 3, 5, 7 → 4가지
• 6의 배수: 6 → 1가지
➡ 4+1=5(가지)

⑥ • 홀수: 1, 3, 5, 7, 9 → 5가지
• 2의 배수: 2, 4, 6, 8, 10 → 5가지
➡ 5+5=10(가지)

19단계 C 104쪽

① 2, 3, 5

② 1, 4, 5

③ 5, 2, 7

④ 5, 3, 8

⑤ 3, 4, 7

⑥ 6, 2, 8

풀이

① • 합이 3인 경우: (1, 2), (2, 1) → 2가지
• 합이 4인 경우: (1, 3), (2, 2), (3, 1) → 3가지
➡ $2+3=5$(가지)

② • 합이 2인 경우: (1, 1) → 1가지
• 합이 5인 경우: (1, 4), (2, 3), (3, 2), (4, 1) → 4가지
➡ $1+4=5$(가지)

③ • 합이 8인 경우:
(2, 6), (3, 5), (4, 4), (5, 3), (6, 2) → 5가지
• 합이 3인 경우: (1, 2), (2, 1) → 2가지
➡ $5+2=7$(가지)

④ • 합이 6인 경우:
(1, 5), (2, 4), (3, 3), (4, 2), (5, 1) → 5가지
• 합이 10인 경우: (4, 6), (5, 5), (6, 4) → 3가지
➡ $5+3=8$(가지)

⑤ • 합이 4인 경우: (1, 3), (2, 2), (3, 1) → 3가지
• 합이 5인 경우: (1, 4), (2, 3), (3, 2), (4, 1) → 4가지
➡ $3+4=7$(가지)

⑥ • 차가 0인 경우:
(1, 1), (2, 2), (3, 3), (4, 4), (5, 5), (6, 6) → 6가지
• 차가 5인 경우: (1, 6), (6, 1) → 2가지
➡ $6+2=8$(가지)

19단계 도전! 땅 짚고 헤엄치는 문장제 105쪽

① 8가지 ② 11가지 ③ 6가지 ④ 10가지

풀이

① (서울에서 부산까지 가는 경우의 수)
=(비행기를 타고 가는 경우의 수)
+(기차를 타고 가는 경우의 수)
$=5+3=8$(가지)

② • 4의 배수: 4, 8, 12 → 3가지
• 홀수: 1, 3, 5, 7, 9, 11, 13, 15 → 8가지
➡ $3+8=11$(가지)

③ • 합이 3인 경우: (1, 2), (2, 1) → 2가지
• 합이 5인 경우: (1, 4), (2, 3), (3, 2), (4, 1) → 4가지
➡ $2+4=6$(가지)

④ • 차가 3인 경우:
(1, 4), (2, 5), (3, 6), (4, 1), (5, 2), (6, 3) → 6가지
• 차가 4인 경우: (1, 5), (2, 6), (5, 1), (6, 2) → 4가지
➡ $6+4=10$(가지)

20단계 A

107쪽

① 3, 2, 6

② 5, 4, 20

③ 3, 4, 12

20단계 B

108쪽

① 2, 2, 4

② 2, 6, 12

③ 6, 6, 36

④ 2, 2, 2, 8

⑤ 2, 2, 6, 24

20단계 C

109쪽

① 3, 3, 9

② 3, 2, 6

③ 3, 3, 9

④ 3, 4, 12

⑤ 2, 3, 6

⑥ 3, 3, 9

⑦ 2, 1, 2

⑧ 3, 3, 9

풀이

① • 2의 배수: 2, 4, 6 → 3가지
• 짝수: 2, 4, 6 → 3가지
➡ $3\times3=9$(가지)

② • 짝수: 2, 4, 6 → 3가지
• 3의 약수: 1, 3 → 2가지
➡ $3\times2=6$(가지)

③ • 홀수: 1, 3, 5 → 3가지
• 짝수: 2, 4, 6 → 3가지
➡ $3\times3=9$(가지)

④ • 4의 약수: 1, 2, 4 → 3가지
• 6의 약수: 1, 2, 3, 6 → 4가지
➡ $3\times4=12$(가지)

⑤ • 3의 배수: 3, 6 → 2가지
• 짝수: 2, 4, 6 → 3가지
➡ $2\times3=6$(가지)

⑥ • 4의 약수: 1, 2, 4 → 3가지
• 홀수: 1, 3, 5 → 3가지
➡ $3\times3=9$(가지)

⑦ • 5의 약수: 1, 5 → 2가지
• 5의 배수: 5 → 1가지
➡ $2\times1=2$(가지)

⑧ • 짝수: 2, 4, 6 → 3가지
• 소수: 2, 3, 5 → 3가지
➡ $3\times3=9$(가지)

20단계 도전! 땅 짚고 헤엄치는 문장제 110쪽

① 12가지　② 32가지

③ 9가지　④ 4가지

풀이

① (집에서 공원을 거쳐 학교까지 가는 경우의 수)
=(집에서 공원까지 가는 경우의 수)
×(공원에서 학교까지 가는 경우의 수)
=3×4=12(가지)

② 동전 한 개를 던져 나올 수 있는 모든 경우의 수는 2가지입니다.
➡ 2×2×2×2×2=32(가지)

③ • 홀수: 1, 3, 5 → 3가지
• 짝수: 2, 4, 6 → 3가지
➡ 3×3=9(가지)

④ • 3의 배수: 3, 9 → 2가지
• 5의 배수: 5, 10 → 2가지
➡ 2×2=4(가지)

21단계 A 112쪽

① $\frac{1}{3}$　② $\frac{1}{3}$

③ $\frac{1}{2}$　④ $\frac{2}{3}$

⑤ $\frac{1}{2}$　⑥ $\frac{1}{3}$

⑦ 0　⑧ 1

풀이

① 3보다 작은 수: 1, 2 → 2가지
➡ $\frac{2}{6}=\frac{1}{3}$

② 3의 배수: 3, 6 → 2가지
➡ $\frac{2}{6}=\frac{1}{3}$

③ 4의 약수: 1, 2, 4 → 3가지
➡ $\frac{3}{6}=\frac{1}{2}$

④ 6의 약수: 1, 2, 3, 6 → 4가지
➡ $\frac{4}{6}=\frac{2}{3}$

⑤ 2 이상 4 이하의 수: 2, 3, 4 → 3가지
➡ $\frac{3}{6}=\frac{1}{2}$

⑥ 3 이상 5 미만인 수: 3, 4 → 2가지
➡ $\frac{2}{6}=\frac{1}{3}$

⑦ 주사위를 던져 8의 배수의 눈이 나올 수 없습니다.
➡ 0

⑧ 1의 배수: 1, 2, 3, 4, 5, 6 → 6가지
➡ $\frac{6}{6}=1$

21단계 B 113쪽

① $\frac{1}{2}$ ② $\frac{2}{5}$

③ $\frac{1}{2}$ ④ $\frac{3}{4}$

⑤ $\frac{1}{3}$ ⑥ $\frac{1}{5}$

⑦ 1 ⑧ 0

풀이

① 2개의 구슬 중 노란 구슬 1개 ➡ $\frac{1}{2}$

② 5개의 구슬 중 노란 구슬 2개 ➡ $\frac{2}{5}$

③ 4개의 구슬 중 노란 구슬 2개 ➡ $\frac{2}{4}=\frac{1}{2}$

④ 4개의 구슬 중 노란 구슬 3개 ➡ $\frac{3}{4}$

⑤ 3개의 구슬 중 노란 구슬 1개 ➡ $\frac{1}{3}$

⑥ 5개의 구슬 중 노란 구슬 1개 ➡ $\frac{1}{5}$

⑦ 4개의 구슬 모두 노란색 ➡ $\frac{4}{4}=1$

⑧ 3개의 구슬 중 노란 구슬 0개 ➡ $\frac{0}{3}=0$

21단계  도전! 땅 짚고 헤엄치는 문장제 114쪽

① $\frac{1}{3}$ ② $\frac{6}{13}$

③ $\frac{1}{2}$, $\frac{1}{2}$ ④ 1

풀이

① 3의 약수: 1, 3 → 2가지

➡ $\frac{2}{6}=\frac{1}{3}$

② (전체 사탕의 수)=6+3+4=13(개)

➡ $\frac{6}{13}$

③ 흰 돌과 검은 돌이 각각 하나씩 들어 있으므로
(흰 돌을 꺼낼 확률)
=(흰 돌이 아닌 돌을 꺼낼 확률)
=(검은 돌을 꺼낼 확률)
$=\frac{1}{2}$입니다.

④ 주사위는 홀수의 눈과 짝수의 눈으로만 이루어져 있습니다. 따라서 주사위를 던졌을 때 항상 짝수 또는 홀수의 눈이 나오므로 짝수의 눈이 나올 확률과 홀수의 눈이 나올 확률은 각각 $\frac{1}{2}$로 두 확률의 합은 $\frac{1}{2}+\frac{1}{2}=1$입니다.

22단계 종합 문제 115쪽

① 2 ② 2

③ 4 ④ 3

⑤ 3 ⑥ 5

⑦ 2 ⑧ 2

⑨ 5 ⑩ 2

풀이

① 4보다 큰 눈: 5, 6 ➡ 2가지

② 3의 배수의 눈: 3, 6 ➡ 2가지

③ 6의 약수의 눈: 1, 2, 3, 6 ➡ 4가지

④ 짝수의 눈: 2, 4, 6 ➡ 3가지

⑤ 8 이상의 수: 8, 9, 10 ➡ 3가지

⑥ 2의 배수: 2, 4, 6, 8, 10 ➡ 5가지

⑦ 7의 약수: 1, 7 ➡ 2가지

⑧ 5의 배수: 5, 10 ➡ 2가지

⑨ 3 이상 8 미만의 수: 3, 4, 5, 6, 7 ➡ 5가지

⑩ 4 초과 7 미만의 수: 5, 6 ➡ 2가지

22단계 종합 문제 116쪽

① 4

② 7

③ 7

④ 6

⑤ 9

⑥ 6

⑦ 6

풀이

① • 합이 2인 경우: (1, 1) → 1가지
• 합이 4인 경우: (1, 3), (2, 2), (3, 1) → 3가지
➡ $1+3=4$(가지)

② • 합이 8인 경우:
(2, 6), (3, 5), (4, 4), (5, 3), (6, 2) → 5가지
• 합이 3인 경우: (1, 2), (2, 1) → 2가지
➡ $5+2=7$(가지)

③ • 합이 7인 경우:
(1, 6), (2, 5), (3, 4), (4, 3), (5, 2), (6, 1)
→ 6가지
• 합이 2인 경우: (1, 1) → 1가지
➡ $6+1=7$(가지)

④ • 합이 3인 경우: (1, 2), (2, 1) → 2가지
• 합이 5인 경우: (1, 4), (2, 3), (3, 2), (4, 1)
→ 4가지
➡ $2+4=6$(가지)

⑤ • 2의 배수: 2, 4, 6 → 3가지
• 짝수: 2, 4, 6 → 3가지
➡ $3\times3=9$(가지)

⑥ • 홀수: 1, 3, 5 → 3가지
• 3의 약수: 1, 3 → 2가지
➡ $3\times2=6$(가지)

⑦ • 5의 약수: 1, 5 → 2가지
• 소수: 2, 3, 5 → 3가지
➡ $2\times3=6$(가지)

22단계 종합 문제 117쪽

① $\frac{1}{6}$ ② $\frac{1}{3}$

③ $\frac{3}{4}$ ④ $\frac{2}{5}$

⑤ 1 ⑥ $\frac{2}{3}$

⑦ $\frac{1}{4}$ ⑧ 0

풀이

① 6개의 구슬 중 노란 구슬 1개 ➡ $\frac{1}{6}$

② 3개의 구슬 중 노란 구슬 1개 ➡ $\frac{1}{3}$

③ 4개의 구슬 중 노란 구슬 3개 ➡ $\frac{3}{4}$

④ 5개의 구슬 중 노란 구슬 2개 ➡ $\frac{2}{5}$

⑤ 1개의 구슬 모두 노란색 ➡ $\frac{1}{1}=1$

⑥ 3개의 구슬 중 노란 구슬 2개 ➡ $\frac{2}{3}$

⑦ 4개의 구슬 중 노란 구슬 1개 ➡ $\frac{1}{4}$

⑧ 4개의 구슬 중 노란 구슬 0개 ➡ $\frac{0}{4}=0$

22단계 종합 문제 118쪽

① 정호

② 민희, 병철, 가영

풀이

① • 주희: 2의 배수가 적힌 카드는 2, 4로 2장입니다. ➡ $\frac{2}{7}$

• 정호: 2의 배수가 적힌 카드는 4, 6, 8로 3장입니다. ➡ $\frac{3}{7}$

➡ 2의 배수가 적힌 카드를 뽑을 확률이 더 높은 사람은 정호입니다

② • 민희: $\frac{3}{5}$

• 가영: $\frac{2}{7}$

• 병철: $\frac{3}{6}=\frac{1}{2}$

➡ 민희, 병철, 가영

초등 확률과 통계를 한 권으로 끝낸다!
10일 완성! 연산력 강화 프로그램

바쁜 초등학생을 위한 빠른 확률과 통계

취약한 영역을 보강하는 '바빠' 연산법 **베스트셀러!**

'바쁜 5·6학년을 위한 빠른 분수'

"영역별로 공부하면
선행할 때도 빨리 이해되고,
복습할 때도 효율적입니다."

연산 총정리!
중학교 입학 전에 끝내야 할 분수 총정리
초등 연산의 완성인 분수 영역이 약하면 중학교 수학을 포기하기 쉽다!
고학년은 몰입해서 10일 안에 분수를 끝내자!

영역별 완성!
고학년은 영역별 연산 훈련이 답이다!
고학년 연산은 분수, 소수 등 영역별로 훈련해야 효과적이다!

탄력적 배치!
고학년은 고학년답게! 효율적인 문제 배치!
쉬운 내용은 압축해서 빠르게, 어려운 문제는 충분히 공부하자!

5·6학년용 '바빠 연산법'

지름길로 가자! 고학년 전용 연산책

곱셈

→

나눗셈

→

분수

→

소수

- 5, 6학년 연산을 총정리하고 싶다면 곱셈 → 나눗셈 → 분수 → 소수 순서로 풀어 보세요.
- 특정 연산만 어렵다면, 4권 중 내가 어려운 영역만 골라 빠르게 보충하세요.